高等学校机电类专业系列教材

U0169895

三维建模实战教程

（道依茨风冷柴油机）

主　编　程月蒙

参　编　张　强　程培源　王　崴　谢一静

　　　　张　琳　邱　盎　牛天林　鄂卫波

　　　　赵玉伟　常万昇　王可东　高旭磊

西安电子科技大学出版社

内 容 简 介

SolidWorks 是目前最为流行的三维 CAD 软件之一，该软件的特点是参数化特征造型、功能强大、易学易用。

本书以 SolidWorks 2018 为载体，以 BF8L413F 型风冷柴油机为研究对象，进行该柴油机的三维建模以及模型应用介绍，内容涵盖 SolidWorks 2018 的基本操作，BF8L413F 型风冷柴油机的曲柄连杆机构、配气机构、燃油供给系统、润滑系统、冷却系统、进排气系统的三维建模，整机模型的装配以及整机模型在 VR、AR 系统中的应用。本书可使读者在了解基础知识的同时，提高对知识的实际应用能力。

本书可作为本科和职业院校机械、电气等工科类相关专业的教材，也可作为机械设计与制造领域工程技术人员的岗位培训用书或自学用书。

图书在版编目(CIP)数据

三维建模实战教程：道依茨风冷柴油机 / 程月蒙主编. —西安：西安电子科技大学出版社，2020.8
ISBN 978–7–5606–5691–5

Ⅰ. ① 三… Ⅱ. ① 程… Ⅲ. ① 风冷柴油机—计算机仿真—系统建模—高等学校—教材
Ⅳ. ① TK429 ② TP391.92

中国版本图书馆 CIP 数据核字(2020)第 081398 号

策划编辑　秦志峰
责任编辑　秦志峰
出版发行　西安电子科技大学出版社(西安市太白南路 2 号)
电　　话　(029)88242885　88201467　　　　邮　编　710071
网　　址　www.xduph.com　　　　　　电子邮箱　xdupfxb001@163.com
经　　销　新华书店
印刷单位　陕西天意印务有限责任公司
版　　次　2020 年 9 月第 1 版　　2020 年 9 月第 1 次印刷
开　　本　787 毫米×1092 毫米　1/16　印张 14
字　　数　330 千字
印　　数　1～1000 册
定　　价　37.00 元
ISBN　978–7–5606–5691–5 / TK
XDUP 5993001–1
如有印装问题可调换

前　　言

道依茨柴油机是德国 DEUTZ 公司开发的享誉世界的著名柴油机系列，在我国重型车辆、工程机械、发电机组等行业有着广泛的应用。其中，BF8L413F 型风冷柴油机在特种车辆以及军用发电机组中应用最为典型。

本书以 SolidWorks 2018 为载体，以 BF8L413F 型风冷柴油机为研究对象，进行该柴油机的三维建模以及模型应用介绍。全书共 7 章，第 1 章介绍 SolidWorks 2018 的基本操作和建模方法，第 2 章介绍曲柄连杆机构与配气机构的三维建模方法及过程，第 3 章介绍燃油供给系统的三维建模方法及过程，第 4 章介绍润滑、冷却系统的三维建模方法及过程，第 5 章介绍进排气系统的三维建模方法及过程，第 6 章介绍道依茨柴油机模型的装配，第 7 章介绍道依茨柴油机模型在 VR、AR 系统中的应用。

本书由空军工程大学防空反导学院组织编写，程月蒙担任主编，参与编写的有张强、程培源、王崴、谢一静、张琳、邱盎、牛天林、鄂卫波、赵玉伟、常万昇、王可东、高旭磊。全书由程月蒙统稿。

本书以道依茨柴油机 VR/AR 维修辅助系统开发项目为牵引，读者按照建模任务的步骤进行操作，即可绘制出相应的零部件，并最终完成整个柴油机的三维模型。本书注重将理论和技能相结合，强调"做中学"，以利于开拓学生思路，培养学生的自学能力。

由于编者水平有限，疏漏之处在所难免，恳请广大读者提出宝贵意见，以便在修订时改正。

编　者

2020 年 3 月

目　　录

第 1 章　SolidWorks 基本知识

1.1　SolidWorks 简介

20 世纪 90 年代，随着计算机性能的提升，已经具备运行三维 CAD 软件的能力。1995 年，SolidWorks 软件在这个大背景下应运而生，并爆发出强大的生命力，现已成为机械制图和结构设计领域的主流设计软件之一。

1. 软件的主要特点

(1) 提供先进的交互界面，用鼠标可以完成大部分的操作。

(2) 具备 CAD 文件管理能力。

(3) 可自动生成标准的工程图。

(4) 可创建多种钣金零件的工艺，如切口、折弯、斜切等。

(5) 可根据工艺流程生成焊件设计。

(6) 通过 SolidWorks Toolbox、SolidWorks Design Clipart 和 3D Content Central 等组件可直接访问标准零件库。

(7) PhotoView 360 组件具有照片级渲染能力。

2. 界面功能介绍

当打开一个已有文件，继续进行零件设计时，SolidWorks 用户界面如图 1.1.1 所示。默认状态下，界面包含菜单栏、工具栏、管理区域、任务窗口、状态栏和图形区域。

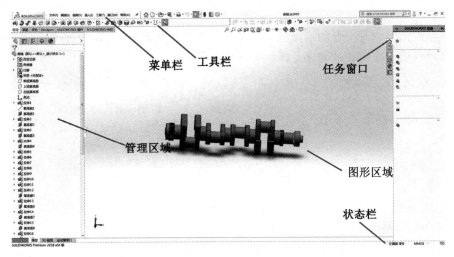

图 1.1.1　SolidWorks 用户界面

1.2 草 图 设 计

草图绘制一般是 SolidWorks 软件进行三维设计时的开始步骤。草图一般分为二维(2D)草图和三维(3D)草图两大类。其中，二维草图是建立 SolidWorks 各种特征的基础；三维草图由一系列空间直线、圆弧或样条曲线构成，这些直线、圆弧及曲线均可作为扫描路径、引导线或放样的中心线。

1. 草图的分类

不同形状的草图会形成不同的实体特征。按照几何形状的不同，草图可以分为以下几类：

1) 闭环草图

闭环草图可分为单一封闭草图、嵌套式封闭草图和分离式封闭草图三种，如图 1.2.1 所示。单一闭环草图由单一封闭轮廓组成，是典型的"标准"草图，如图 1.2.1(a)所示；嵌套式闭环草图可以用来建立具有内部切除的凸台实体，如图 1.2.1(b)应用拉伸特征之后可以形成圆筒实体；分离式封闭草图包含多个闭环的轮廓，但轮廓之间相互分离，该类型草图可以建立多个实体，如图 1.2.1(c)所示。

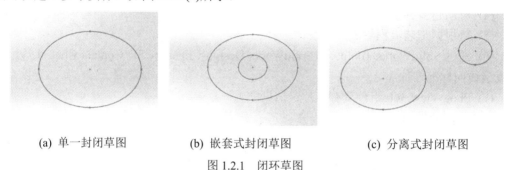

(a) 单一封闭草图   (b) 嵌套式封闭草图   (c) 分离式封闭草图

图 1.2.1   闭环草图

2) 开环草图

开环草图的特点是不封闭，可以用来建立薄壁特征和曲面特征，也可以用于扫描特征的扫描轨迹或用于放样特征的中心线，如图 1.2.2 所示。

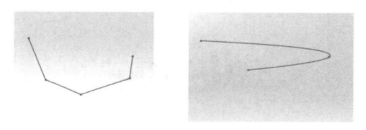

图 1.2.2   开环草图

3) 轮廓交叉草图

轮廓交叉草图是指包含自相交轮廓的图形，如图 1.2.3 所示。建立特征时，必须使用轮廓选择工具指定轮廓。

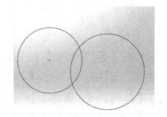

图 1.2.3　包含交叉线段的草图

2. 草图绘制平面

在绘制二维草图时，面临的首要问题是选择绘图平面。事实上，这个问题会对以后的各特征之间的关系、设计工作的难易程度以及工作量的大小产生重要的影响。所以，设计人员应根据设计对象的特点、设计意图和设计习惯认真选择草图绘制平面。

1) 默认基准面

在绘制二维草图时，SolidWorks 中有三个系统默认的基准面可供选择，分别是【前视基准面】、【上视基准面】、【右视基准面】。这三个基准面互相垂直，将空间分为八个象角，形成空间直角坐标系。如果决定选择其中的一个作为绘图平面，只需用鼠标单击特征管理器(FeatureManager)设计树中相应的平面名称即可，如图 1.2.4(a)所示，被选择的基准面及其名称将在绘图区以绿色的平行四边形表示，如图 1.2.4(b)所示。

可以直接选择系统默认的基准面作为草图绘图平面，SolidWorks 有三个默认绘图基准面，在特征管理器设计树中的名称分别为【前视】、【上视】、【右视】。如果决定选择其中的一个作为绘图平面，只需用鼠标单击相应的名称即可，此时被选择的基准面及其名称将会在绘图区以绿色的平行四边形表示。

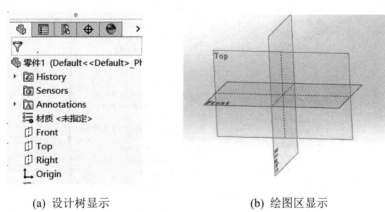

(a) 设计树显示　　　　　　　　　(b) 绘图区显示

图 1.2.4　默认基准面

2) 构造基准面作为草图绘制平面

如果系统默认的三个基准面和所有的模型表面都不是所需要的作图平面，则用户可以自己构造基准面。单击【参考几何体】工具栏上的【基准面】按钮，或单击【插入】|【参考几何体】|【基准面】，打开【基准面】属性管理器，在其中选择基准面类型及项目以生成基准面，再单击【确定】按钮即可生成所需基准面。新的基准面将出现在图形区域，并列举在特征管理器设计树中。

3) 进入草图模式的方法

通过以下操作之一即可进入草图模式：

(1) 单击【草图绘制】工具栏上的【草图绘制】按钮；

(2) 单击【草图】工具栏上的任一草图工具，如【矩形】按钮；

(3) 单击【特征】工具栏上的【拉伸凸台/基体】按钮或【旋转凸台/基体】按钮；

(4) 用鼠标右键单击 FeatureManager 设计树中的现有草图，然后选择编辑草图。

进入草图模式后，图形区域右上角的"草图提示图标"即被激活。

3. 草图图元的绘制与编辑

SolidWorks 软件提供的草图绘制与编辑工具非常丰富，可以帮助使用者自由快捷地生成各类草图。

1) 草图绘制与编辑工具的调用方式

草图绘制与编辑工具的调用方式有以下两种：

(1) 菜单方式。草图命令集中在【工具】菜单下，如图 1.2.5 与图 1.2.6 所示。

图 1.2.5 【草图绘制实体】下拉菜单

图 1.2.6　【草图工具】下拉菜单

(2) 工具栏方式。SolidWorks 中的草图工具主要集中在【草图】工具栏中。工具栏中的按钮都十分形象，按钮上的图形表达了其功能。

2) 草图绘制工具

为清晰起见，我们用表 1-1-1 集中说明草图实体绘制工具的基本使用方法。其中，序号 1～7 为常用命令，8～17 为非常用命令。

表 1-1-1　草图实体绘制工具

序号	按钮图标	名　称	使用方法与说明
1		直　线	选择起点和终点
2		中心线	绘制方法同直线，中心线不能用于建立特征，可用于定位、镜向草图和旋转特征等
3		矩　形	选择矩形的两个对角
4		圆	选择圆心，确定半径
5		圆心及起/终点圆弧	选择圆心，确定起点和终点
6		切线弧	选择与之相切的直线、圆弧端点，然后拖动圆弧
7		三点圆弧	选择起点、终点，以及在圆弧上的第三点
8		椭　圆	选择圆心，确定长轴和短轴
9		抛物线	确定抛物线的焦点和两个端点
10		样条曲线	依次选择样条曲线的起点、中间点，在终点处双击或按 Esc 键
11		多边形	选择多边形的中心和一个顶点，边数、内切圆或外接圆等可以通过属性管理器定义
12		平行四边形	按着 Ctrl 键的同时选择两点作为平行四边形的一条边，再选择一点决定平行四边形的角度与另一边。如果不按 Ctrl 健，将会绘制出一个斜向的矩形
13		文　字	可在面、边线及草图实体上绘制文字
14		直槽口	用两个端点绘制直槽口
15		中心点直槽口	从中心点绘制直槽口
16		三点圆弧槽口	在圆弧上用三个点绘制圆弧槽口
17		中心点圆弧槽口	用圆弧半径的中心点和两个端点绘制圆弧槽口

　　一般在调用绘图命令后，控制区都会出现相应的 PropertyManager(属性管理器)，通过管理器可以对草图实体进行设置，根据需要选用不同的绘图指令完成相同的图形绘制工

作。因此，熟练掌握、灵活运用各种绘图指令是提高设计效率的有效手段。

3) 草图编辑工具

(1)【草图镜向】：沿中心线镜向(软件中显示为"镜向"，实则为"镜像")草图实体。生成镜向实体时，SolidWorks 会在每对相应的草图点之间生成一个对称关系，如果改变被镜向的实体，则其镜向图像也将随之变动。

【草图镜向】指令是基本的绘图与编辑指令之一，其操作步骤如下：

① 在一个草图中，单击【草图绘制】工具栏上的【中心线】图标，并绘制一条中心线，如图 1.2.7(a)所示。

② 选择中心线和要镜向的项目(几何要素)，如图 1.2.7(b)所示。

③ 单击【草图绘制】工具栏上的【镜向实体】图标，如图 1.2.7(c)所示。

按照上述步骤通过镜向指令生成的草图如图 1.2.7 所示。

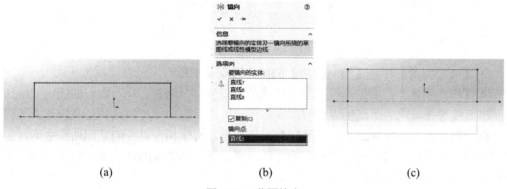

(a)　　　　　　　　(b)　　　　　　　　(c)

图 1.2.7　草图镜向

(2)【绘制圆角】：用于在两个草图实体的交叉处或延伸后的交叉处裁掉角部，生成一切线弧，在 2D 和 3D 草图绘制中均可使用该指令。如果非交叉实体没有标注尺寸，则所选实体会被延伸，然后生成圆角。生成圆角的操作步骤如下：

① 单击【草图绘制】工具栏上【圆角】下拉菜单中的【绘制圆角】图标，弹出【绘制圆角】属性管理器，如图 1.2.8 所示。在【圆角参数】框中，输入圆角半径。

图 1.2.8　【绘制圆角】属性管理器

② 如果角部具有尺寸或几何关系，而且希望保持虚拟交点，请选择保持拐角处约束条件复选框。如果不选择该复选框，并且该角部具有尺寸或几何关系，则系统会询问是否要在生成圆角时删除这些几何关系。

③ 选择有交点的两个草图实体，或者选择草图实体的顶角，系统将会立即生成圆角预览，确认无误后，单击【确认】按钮。如果不是所希望生成的圆角，但希望继续生成新的草图圆角，则在【绘制圆角】属性管理器中，单击【撤销】按钮。若要放弃绘制圆角，则单击【关闭】按钮即可。

可以在启动【绘制圆角】指令之前或之后选择草图实体。图 1.2.9 分别表示了对两条直线和矩形顶角绘制圆角后的结果。

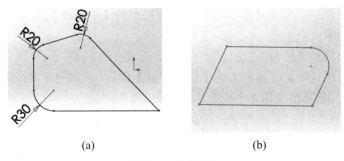

(a)   (b)

图 1.2.9　绘制圆角

(3)【绘制倒角】：与【绘制圆角】的操作过程基本相同，可参照执行。

(4)【等距实体】：依据一个或多个所选的草图实体、边线、环、面、曲线、一组边线和一组曲线等在特定的距离生成相似草图曲线，所选草图实体可以是构造几何线。等距实体允许双向操作。SolidWorks 应用程序会在每个原始实体和相对应的草图曲线之间，生成边线上的几何关系，当重建模型时原始实体改变，则等距生成的曲线也会随之改变。生成等距实体的操作步骤如下：

① 进入草图编辑或草图绘制状态。

② 在草图中，选择一个或多个草图实体、一个模型面、一条模型边线或外部草图曲线。如果选择的是模型平面，则系统会自动搜索将该平面的边线作为等距实体的对象。

③ 单击【草图绘制】工具栏上的【等距实体】图标，打开【等距实体】属性管理器，如图 1.2.10 所示。

图 1.2.10　【等距实体】属性管理器

④ 在【等距实体】属性管理器【参数】选项的【等距距离】框中输入设定数值，或者在图形区域中移动指针以设定等距距离。当在图形区域中单击鼠标时，等距实体已经绘

制完成。因此，在单击图形区域前，应根据需要选择以下任何复选框：

【添加尺寸】：在草图中标注等距距离尺寸，这不会影响到包括在原有草图实体中的任何尺寸；

【反向】：更改单一方向的等距方向；

【选择链】：生成所有连续草图实体的等距实体；

【双向】：在两个方向生成等距实体；

【制作基体结构】：将原有草图实体转换到构造性直线；

【顶端加盖】：通过选择双向并添加一圆弧或直线顶盖来延伸原有非相交草图实体。

⑤ 单击【确定】按钮，或在图形区域中单击，完成等距实体的绘制，并关闭属性管理器。

⑥ 双击等距实体的尺寸，在【尺寸修改】对话框中更改数值，即可改变等距量。在双向等距中，可单个更改两个等距实体的尺寸。

按照上述操作步骤绘制生成的等距实体图形如图 1.2.11 所示。

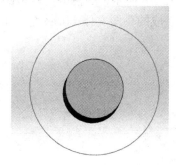

图 1.2.11　用【等距实体】绘制草图曲线

(5)【草图剪裁】：删除草图线段，也可以延伸草图线段。使用【草图剪裁】工具可剪裁直线、圆弧、圆、椭圆、样条曲线或中心线，使其截断于与另一直线、圆弧、圆、椭圆、样条曲线或中心线的交点处；可删除一条直线、圆弧、圆、椭圆、样条曲线或中心线；与【拉伸】配合使用，可延伸草图线段，使它与另一个实体相交。草图剪裁的操作步骤如下：

① 单击【草图绘制】工具栏上【草图剪裁】下拉菜单中的【草图剪裁】图标，弹出【剪裁】属性管理器。

② 在【剪裁】属性管理器选项框中，选择将要进行的剪裁类型，其中包括的选项如下：

【强劲剪裁】：可以通过单击草图端点后移动鼠标指针来延伸实体，如图 1.2.12 所示；可以先单击被剪裁实体，再单击剪裁边界来剪裁草图实体，如图 1.2.13 所示。

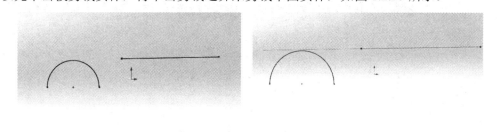

(a)　　　　　　　　　　　　　　　　　　(b)

图 1.2.12　用剪裁工具延伸实体

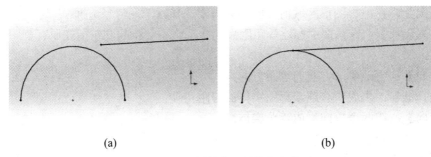

(a)   (b)

图 1.2.13　用剪裁工具剪裁实体

【边角】：修改两个所选实体，直到它们沿其自然路径延伸一个或两个实体，以虚拟边角交叉，并生成边角。根据草图实体的不同，剪裁操作可以延伸一个草图实体而缩短另一个实体，或者同时延伸两个草图实体。如果所选的两个实体之间不可能有几何上的自然交叉，则剪裁操作无效。如图 1.2.14 所示，(a)图为要剪裁的草图；(b)图是单击右侧直线段草图后，再单击左侧线段下部生成的草图实体；(c)图是单击右侧直线段草图后，再单击左侧线段上部生成的草图实体。

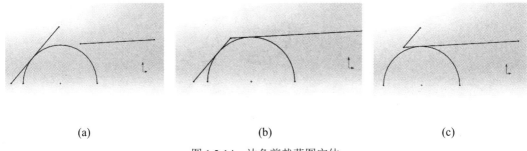

(a)   (b)   (c)

图 1.2.14　边角剪裁草图实体

【在内剪除】：剪裁交叉于两个所选边界上或位于两个所选边界之间的开环实体。椭圆等闭环草图实体将会生成一个边界区域，方式与选择两个开环实体作为边界相同，操作时，先选择两个边界实体，或者先选择一个闭环草图实体作为剪裁边界，然后再选择要剪裁的对象，如图 1.2.15 所示。

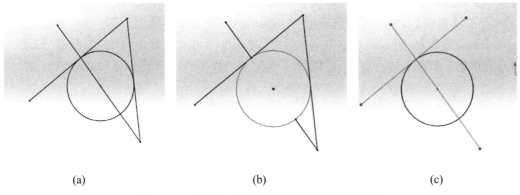

(a)   (b)   (c)

图 1.2.15　使用【在内剪除】选项剪裁草图实体

【在外剪除】：与【在内剪除】选项的剪裁效果正好相反，剪裁位于两个所选边界之外的开环实体。边界不受所选草图实体端点的限制，边界定义为草图实体的无限延续，剪裁操作将会删除所选边界外部所有有效草图实体。如果要剪裁的草图实体与边界实体交叉一次，它则会剪裁边界实体外的线段，而将边界实体内的线段延伸到下一实体。

【剪裁到最近端】：剪裁或延伸所选草图实体，直到与其他草图实体的最近交叉点，实体延伸的方向取决于用户拖动指针的方向，使用【剪裁到最近端】选项剪裁草图的过程和所得到的结果如图 1.2.16 所示。

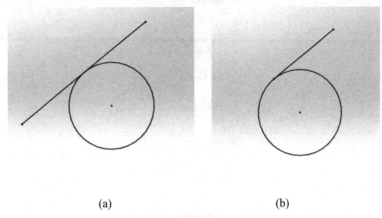

(a)　　　　　　　　　　　　　　(b)

图 1.2.16　使用【剪裁到最近端】选项剪裁草图

启动剪裁功能后，移动鼠标到工作窗口绘图区时，系统会自动捕捉剪裁对象，如果某条线段以红色高亮显示，则表示这条线段与其他线段或模型边线最多只有一个交点，该线段将被整条删除。

(6)【草图延伸】：用于增加草图实体(直线、中心线或圆弧)的长度，将草图实体延伸到另一个草图实体。【草图延伸】的操作步骤如下：

① 单击【草图绘制】工具栏上【草图剪裁】下拉菜单中的【草图延伸】图标。

② 将鼠标指针移动到绘图区，当指针移动到一条线段上时，若该线段变为红色显示，则表示该线段被捕捉到，并显示延伸预览。

③ 确认后，用鼠标左键单击要延伸的线段。【草图延伸】结果如图 1.2.17 所示。

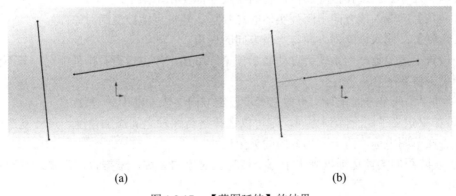

(a)　　　　　　　　　　　　　　(b)

图 1.2.17　【草图延伸】的结果

(7)【线性草图阵列】：用于在草图绘制过程中，将选定的草图几何要素复制后，沿互为一定夹角的两个方向按一定的间距进行排列。其操作步骤如下：

① 选择要进行阵列的草图对象，单击【草图绘制】工具栏上的【线性阵列】图标，

系统弹出如图 1.2.18 所示的【线性阵列】属性管理器，供设定各种选项。也可以采用上述方法，在启动【线性阵列】功能后，选择要阵列的草图实体。这时，要阵列的实体列表为空白，当在绘图区选择一个或多个对象时，其名称将会出现在要阵列的实体列表中。

图 1.2.18　【线性阵列】属性管理器

② 在方向 1 选项框中，进行下列设置：

【反向】：如果单击【反向】按钮，方向 1 的阵列方向将反转，即阵列方向反转 180°；

【间距】：输入该方向上实体阵列的间距；

【添加尺寸】：选择该复选框，将间距尺寸标注在草图中；

【数量】：输入该方向上阵列实体的总数量，其中包括被复制对象；

【角度】：输入该阵列方向与水平方向的夹角。

在设置上述参数时，系统会自动显示预览。可在工作窗口查看排列情况，若不满意，可重新设定参数。

③ 如果沿两个方向排列，可按第②步设定方向 2 选项框中的参数。

④ 如果定义了两个阵列方向，则可以选择是否在轴之间添加角度、尺寸复选框，以决定是否在草图中标注两个阵列方向的夹角尺寸。

⑤ 要阵列的实体选项框列出了每个被复制对象的名称，根据设计需要，可删除或添加实体。

⑥ 在可跳过的实例选项框中，列出了不想包括在阵列中的实例，可在绘图区用鼠标进行选择；如果要恢复该实例，在可跳过的实体列表中选择后，按 Delete 键即可。

⑦ 单击【确定】按钮，完成草图实体的排列。对草图进行阵列操作的结果如图 1.2.19 所示。

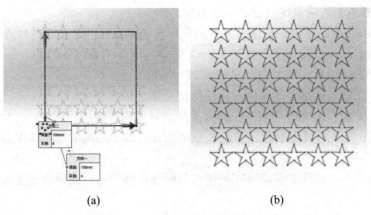

(a)　　　　　　　　　　　(b)

图 1.2.19　【线性草图阵列】的应用

如果要编辑线性草图阵列生成的草图，可用鼠标右键单击任意一个阵列实例，然后在快捷菜单中选择【编辑线性阵列】，在系统弹出的【线性阵列】属性管理器中重新设置参数。

(8)【圆周草图阵列】：用于在草图绘制过程中，将选定的草图几何要素复制后，沿圆周方向按一定的角度、间距进行排列。其操作步骤如下：

① 选择要进行阵列的草图对象，单击【草图绘制】工具栏上【线性阵列】下拉菜单中的【圆周草图阵列】图标，系统弹出如图 1.2.20 所示的【圆周阵列】属性管理器，供设定各种参数。也可以用上述方法，在启动了【圆周草图阵列】功能后，再选择要阵列的草图实体。这时，要阵列的实体列表为空白，当在绘图区选择一个或多个对象时，其名称会出现在要阵列的实体列表中。

图 1.2.20　【圆周阵列】属性管理器

② 在【参数】选项框中，设定下列参数：

【方向(旋转)】：单击该按钮，阵列方向反转，即在逆时针和顺时针方向之间转换；

【中心 X】：设置阵列中心在 X 方向(绘图区水平方向)的坐标值；

【中心 Y】：设置阵列中心在 Y 方向的坐标值；

【数量】：输入包括原始草图在内的阵列草图总数；

【间距】：输入所有阵列草图在圆周 1 排列时的总角度；

【半径】：输入阵列半径值，该值表示圆周排列的中心与所选实体中心或顶点之间的距离；

【圆弧角度】：角度表示圆周阵列中心与所选实体中心，或顶点的连线与水平线方向的夹角；

【等间距】：选择该复选框，则阵列实体彼此间距相等；

【添加尺寸】：选择该复选框，则显示阵列实体之间的尺寸。

在进行上述参数输入或设置时，系统会自动显示预览，以供设计人员查看阵列结果，若不符合要求，可重新设置。

③ 在要阵列的实体列表框中，列出了每个被复制对象的名称，可根据设计需要，删除阵列实体中的一个或多个被复制对象。

④ 在可跳过的实体列表框中，列出了不想包括在阵列中的实体，可在绘图区用鼠标选择；如果要恢复该实体，则在可跳过的实体列表框中选择后，按 Delete 键。

⑤ 单击【确定】按键，完成草图实体的圆周阵列。

按照上述步骤对草图实体进行【圆周阵列】后，结果如图 1.2.21 所示。

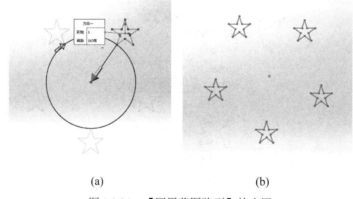

(a)   (b)

图 1.2.21 【圆周草图阵列】的应用

(9)【移动实体】：将一个或多个草图实体移动到指定位置，该操作不生成几何关系。其操作步骤如下：

① 选择要进行移动的草图对象，单击【草图绘制】工具栏上的【移动实体】下拉菜单【移动实体】图标，弹出如图 1.2.22 所示的【移动实体】属性管理器，供设定各种参数。也可采用上述方法，在启动了移动实体功能后，再选择要移动的草图实体。这时，要移动的实体列表为空白，当在绘图区选择一个或多个对象时，其名称将出现在要移动的实体列表中。

② 在要移动的实体选项框中，如果勾选【保留几何关系】复选框，则保持草图实体之间的几何关系。

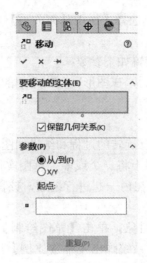

图 1.2.22 【移动实体】属性管理器

③ 在参数选项框中，设置如下参数：

【从/到】：添加一基准点，以设定开始点。移动指针，并双击已设定目标。

【X/Y】：以 X 和 Y 的相对坐标值设定数值，以生成目标。

【基准点】：设置移动的参考基准位置。

④ 单击【重复】按钮，按相同距离再次移动草图实体。

⑤ 单击【确定】按钮。

(10)【复制实体】：与【移动实体】指令的使用方法基本类似，可以仿效操作。

(11)【旋转实体】：用于将一个或多个草图实体旋转一定角度。其具体操作步骤如下：

① 选择要进行旋转的草图对象，单击【草图绘制】工具栏上【移动实体】下拉菜单中的【旋转实体】图标，系统弹出如图 1.2.23(a)所示的【旋转实体】属性管理器，供设定各种参数。也可采用上述方法，在启动了【旋转草图】功能后，再选择要旋转的草图实体。这时，要旋转的实体列表为空白，当在绘图区选择一个或多个对象时，其名称将出现在要旋转的实体列表中。

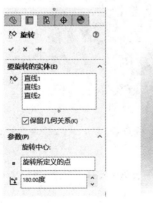

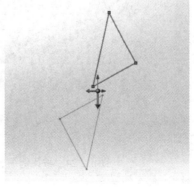

(a)【旋转实体】属性管理器　　　　　(b) 旋转草图实体

图 1.2.23　旋转实体

② 根据设计需要，决定是否选择【保留几何关系】复选框。如果选择该复选框，则保持草图实体之间的几何关系。

③ 在【参数】选项框中，设置如下参数：

【基准点】：单击该列表框后，在图形区单击希望的旋转基准，如坐标原点；

【角度】：输入旋转角度。

④ 单击【确定】按钮。

按照上述步骤对矩形草图进行旋转的过程和结果如图 1.2.23(b)所示。

(12)【按比例缩放草图】：用于将一个或多个草图实体按照定比例进行缩放。如有必要，缩放原草图时，可包括副本在内一起进行缩放，该操作不生成几何关系。使用步骤如下：

① 选择要进行缩放的草图对象，单击【草图绘制】工具栏上【移动实体】下拉菜单中的【缩放实体比例】图标，系统弹出【缩放比例】属性管理器，供设定各种参数。也可采用上述方法，在启动了比例缩放草图功能后，再选择要缩放的草图实体。这时，要缩放比例的实体列表为空白，当在绘图区选择一个或多个对象时，其名称将出现在列表中。

② 在【参数】选项框中，设置如下参数：

【基准点】：单击该列表框后，在图形区单击比例缩放的基准，如坐标原点。

【比例因子】：设置缩放比例。

【复制数】：设定缩放后草图实体的数量。

【复制复选框】：清除【复制复选框】，仅生成已缩放比例的实体；选择【复制复选框】，生成已缩放比例的实体，并保留原比例实体。

③ 单击【确定】按钮。

按照上述步骤对矩形草图进行旋转的过程和结果如图 1.2.24 所示。

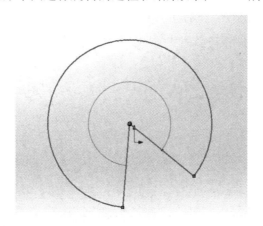

图 1.2.24　按比例缩放草图实体

1.3　特　征　造　型

特征是各种单独的加工形状，将它们组合起来即形成各种零件。特征建模过程就是选择特征类型、定义特征属性、安排特征建立顺序从而生成零件的过程。特征技术是当今三维 CAD 的主流技术，利用特征建立实体既具有工程意义，又便于后期的回溯与调整。通过特征技术，可以轻松地将设计意图融入产品之中，并可以随时方便地进行调整。

1. 特征造型的组合原理

特征的组合方式有堆积式、切挖式和接交式三种。

1) 堆积式

堆积式是指零件由若干个基本体特征经过堆积而成，如图 1.3.1 所示，三个实体堆积在一起形成零件。

(a) 堆积　　　　　　　　　　(b) 堆积过程

图 1.3.1　堆积成形

2) 切挖式

切挖式零件是基体被切割掉多个部分后形成的，基体是零件最初的特征形成的实体。如图 1.3.2 所示，压板零件基体被六个拉伸特征形成的实体逐块切挖。

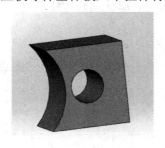

(a) 切挖　　　　　　　　　　(b) 切挖过程

图 1.3.2　切挖成形

3) 接交式

接交式是指多个基本形体相交或相切形成，如图 1.3.3 所示。此类零件一般属于机械零件中的叉架类零件。

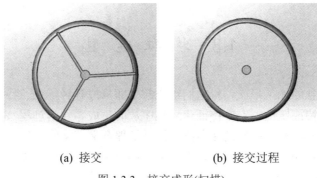

(a) 接交　　　　　　　　　　(b) 接交过程

图 1.3.3　接交成形(扫描)

2. 特征的调用方法及特征分类

1) 特征调用的一般方法

(1) 选择一个平面,绘制形成特征的草图(部分特征不需要绘制草图,此步骤可以省去)。

(2) 调用特征。特征工具即特征命令,其调用方式有两种:

① 菜单方式。特征命令集中在【插入】菜单下。

② 工具栏方式。SolidWorks 中的特征工具主要集中在【特征】工具栏中。

例如:单击【特征】工具栏上的【拉伸凸台/基体】,或使用菜单命令【插入】|【凸台/基体】|【拉伸】。

(3) 在该特征的 PropertyManager 中设定选项。

(4) 单击【确定】按钮。

2) 特征分类

特征的分类与零件的类型及具体的工程应用有关。应用领域不同,特征的含义和表达形式也不尽相同,因此要对特征作以通用的分类比较困难。一般在三维 CAD 软件中按照功能特点可分为基本体特征和附加特征两类。

(1) 基本体特征:完成最基本的三维几何体造型任务。在三维造型中,基本体特征的地位相当于几何中最基本的元素,如点、直线和圆;也相当于电路中最基本的与门、或门和非门电路。基本体特征包括拉伸、旋转、扫描、放样及其切除类型,它们的调用命令如图 1.3.4 所示。

(a)　　　　　　　　　　　　　　(b)

图 1.3.4　SolidWorks 基本体特征菜单栏

(2) 附加特征:一般是在通过拉伸、旋转、扫描、放样建立基体之后使用,是在基本体特征之上的特征修饰,如抽壳、倒角和加筋等。这些特征也称为设计特征、应用特征或细节特征。附加特征根据其成形特点又可以细分为工程特征、变形特征、基准特征、复制类特征阵列、镜像和多实体特征，如图 1.3.5 所示。

图 1.3.5　SolidWorks 附加特征分类

第2章　曲柄连杆机构与配气机构的三维建模

2.1　曲柄连杆机构的建模

　　曲柄连杆机构是柴油机实现工作循环、完成能量转换的传动机构，用来传递力和改变运动方式。工作中，曲柄连杆机构在做功行程中把活塞的往复运动转变成曲轴的旋转运动，对外输出动力。

2.1.1　活塞的建模

　　活塞是内燃机气缸中做往复运动的机件。活塞的基本结构可分为顶部、头部和裙部。活塞顶部是组成燃烧室的主要部分，其形状与所选用的燃烧室形式有关。汽油机多采用平顶活塞，其优点是吸热面积小。柴油机活塞顶部常常有各种各样的凹坑，其具体形状、位置和大小都必须与柴油机的混合气形成和燃烧的要求相适应。

　　活塞的建模方法如下：

　　(1) 启动 SolidWorks 软件，单击【新建】图标，在【新建】对话框中选中【零件】按钮，然后单击【确定】按钮，进入草图绘制界面。

　　(2) 如图 2.1.1 所示，取前视基准面为绘图平面，按照实际尺寸绘制草图，单击【旋转凸台/基体】图标，经旋转生成活塞主体轮廓，如图 2.1.2 所示。

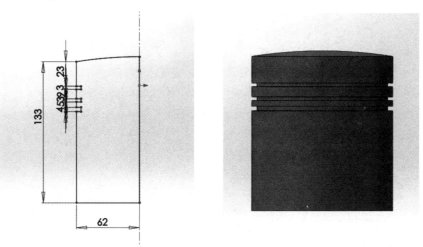

图 2.1.1　绘制活塞轮廓草图　　　　　图 2.1.2　活塞主体轮廓

　　(3) 如图 2.1.3 所示，以前视基准面为参考生成新的基准面，并在此基准面上绘制草图，单击【拉伸切除】图标🗐，将草图反向拉伸切除，如图 2.1.4 所示。单击【镜像实体】图标🙀，以前视基准面为镜像基准面镜像该实体，如图 2.1.5 所示。

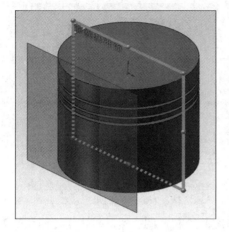

图 2.1.3 生成新的基准面

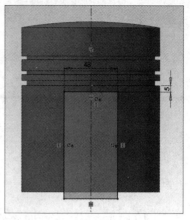

图 2.1.4 反向拉伸切除

图 2.1.5 镜像实体

(4) 以第(3)步拉伸切除的平面为基准面，在此基准面上绘制草图，如图 2.1.6 所示。然后单击【拉伸切除】图标🗐，选择完全贯穿，形成活塞销孔，如图 2.1.7 所示。

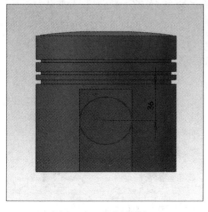

图 2.1.6 绘制草图

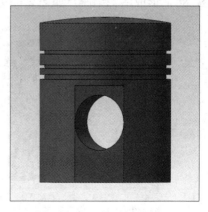

图 2.1.7 形成活塞销孔

(5) 如图 2.1.8 所示，在前视基准面上绘制草图，单击【拉伸切除】图标◙，拉伸切除后的实体如图 2.1.9 所示。

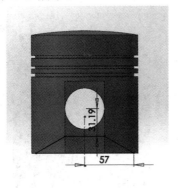

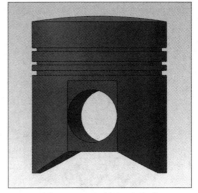

图 2.1.8　绘制草图　　　　　　　　图 2.1.9　拉伸切除实体

(6) 如图 2.1.10 所示，以活塞底面为基准面绘制草图。然后单击【拉伸切除】图标◙，形成活塞内部的空腔，如图 2.1.11 所示。

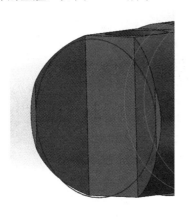

图 2.1.10　绘制草图　　　　　图 2.1.11　形成活塞内部的空腔

(7) 以前视基准面为参考建立基准面，如图 2.1.12 所示，并在此基准面上绘制草图如图 2.1.13 所示。然后单击【拉伸凸台/基体】图标◙，拉伸实体到下一面，并单击【镜像实体】图标州，形成活塞销座，如图 2.1.14 所示。

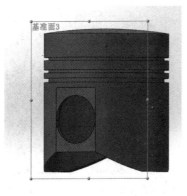

图 2.1.12　建立基准面　　　　　图 2.1.13　绘制草图

图 2.1.14　形成活塞销座

(8) 如图 2.1.15 所示，在前视基准面上绘制草图。单击【拉伸凸台/基体】图标🔲拉伸实体，再单击【镜像实体】图标⊮，对生成的实体进行镜像，如图 2.1.16 所示。

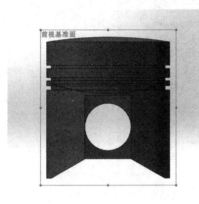

　　图 2.1.15　绘制草图　　　　　　　　　　　　图 2.1.16　拉伸实体

(9) 如图 2.1.17 所示，在右视基准面上绘制草图。单击【旋转切除】图标🔲，切除后形成凹顶，如图 2.1.18 所示。

　　图 2.1.17　绘制草图　　　　　　　　　　　图 2.1.18　形成凹顶

图 2.1.19　绘制草图　　　　　　图 2.1.20　拉伸切除实体

(10) 以右视基准面为参考建立基准面，并在此基准面上绘制草图，如图 2.1.19 所示；单击【拉伸切除】图标█，拉伸切除实体，如图 2.1.20 所示；绘制圆角，如图 2.1.21 所示。

图 2.1.21　绘制圆角

(11) 以活塞柱面为参考生成基准轴，如图 2.1.22 所示；通过此基准轴建立与右视基准面成 15°的基准面，如图 2.1.23 所示；以此基准面为参考生成新的基准面，如图 2.1.24 所示；在新的基准面上绘制草图，如图 2.1.25 所示；单击【拉伸切除】图标█，形成回油孔，如图 2.1.26 所示，并经前后、左右两次镜像形成四个回油孔。

至此，活塞的建模完成，活塞模型如图 2.1.27 所示。

图 2.1.22　建立基准轴

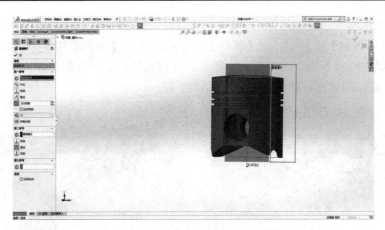

图 2.1.23　建立基准面过程

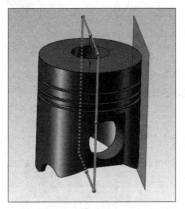

图 2.1.24　生成基准面

图 2.1.25　绘制草图

图 2.1.26　形成回油孔

图 2.1.27　活塞模型

2.1.2　连杆的建模

连杆连接活塞和曲轴，并将活塞所受的作用力传给曲轴，将活塞的往复运动转变为曲轴的旋转运动。连杆组由连杆体、连杆大头盖、连杆小头衬套、连杆大头轴瓦和连杆螺栓(或螺钉)等组成。

连杆体的建模方法如下:

(1) 单击【新建】图标🗋,在【新建】对话框中选中【零件】按钮,然后单击【确定】按钮,进入草图绘制界面。如图 2.1.28 所示,在前视基准面上绘制草图,单击【拉伸凸台/基体】图标🗐,构建连杆轮廓,如图 2.1.29 所示。

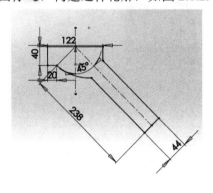

图 2.1.28　绘制草图　　　　　　　图 2.1.29　构建连杆轮廓

(2) 如图 2.1.30、图 2.1.32 所示,在前视基准面上绘制草图,单击【拉伸凸台/基体】图标🗐,利用拉伸构建连杆凸起部分,如图 2.1.31、图 2.1.33 所示。

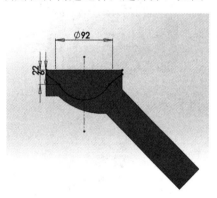
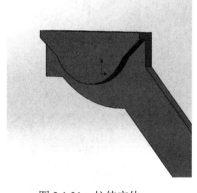

图 2.1.30　绘制草图　　　　　　　图 2.1.31　拉伸实体

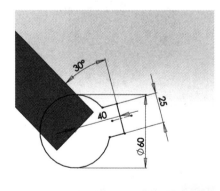

图 2.1.32　绘制草图　　　　　　　图 2.1.33　拉伸实体

(3) 在实体表面绘制草图，如图 2.1.34、图 2.1.35 所示；单击【拉伸切除】图标▣，切除后的实体如图 2.1.36、图 2.1.37 所示。

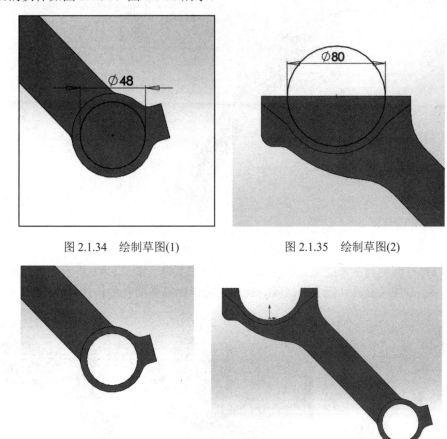

图 2.1.34　绘制草图(1)　　　　　　　　图 2.1.35　绘制草图(2)

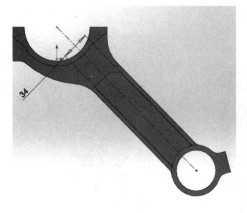 

图 2.1.36　生成小头孔　　　　　　　　图 2.1.37　生成大头孔

(4) 在连杆实体表面绘制草图，如图 2.1.38 所示；单击【拉伸切除】图标▣，生成连杆杆身凹槽，如图 2.1.39 所示。

图 2.1.38　绘制草图　　　　　　　　图 2.1.39　形成连杆杆身凹槽

(5) 单击【镜像实体】图标，以前视基准面为镜像基准面镜像已绘制的所有实体，效果如图 2.1.40 所示。

图 2.1.40　镜像实体

(6) 以杆身两侧为参考建立新的基准面，如图 2.1.41、图 2.1.42 所示，并在此基准面上绘制草图；单击【旋转切除】图标，旋转切除后完成集油孔的构建，如图 2.1.43 所示。

 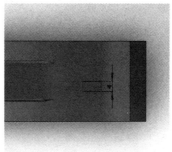 

图 2.1.41　建立新的基准面　　　图 2.1.42　绘制草图　　　图 2.1.43　形成集油孔

(7) 如图 2.1.44 所示，以右视基准面为参考建立基准面，在此基准面上绘制草图，如图 2.1.45 所示；单击【旋转切除】图标，形成如图 2.1.46 所示螺孔；并绘制螺纹，如图 2.1.47、图 2.1.48 所示；最后镜像螺纹孔，如图 2.1.49 所示。

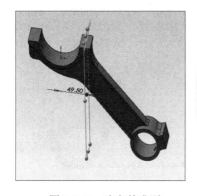 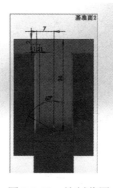 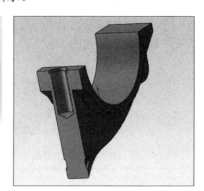

图 2.1.44　建立基准面　　　图 2.1.45　绘制草图　　　图 2.1.46　形成螺孔

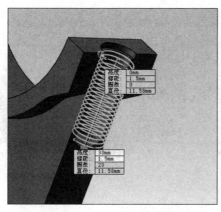

图 2.1.47　添加螺纹

图 2.1.48　生成螺纹

图 2.1.49　镜像螺纹孔

(8) 如图 2.1.50 所示，以连杆大头切面为基准面绘制草图；单击【拉伸凸台/基体】图标，完成连杆大头连接处的构建，如图 2.1.51 所示。

至此，连杆体的建模完成，如图 2.1.52 所示。连杆盖的建模与连杆体类似，在这里不再详述。连杆盖模型如图 2.1.53 所示。

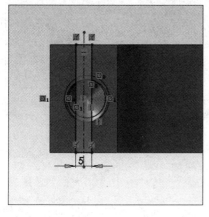

图 2.1.50　绘制草图

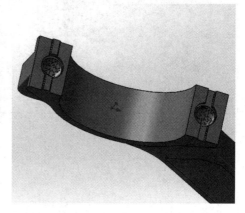

图 2.1.51　拉伸实体

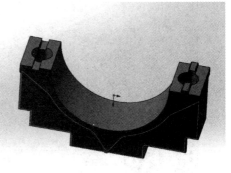

图 2.1.52　连杆体模型　　　　　　　　　图 2.1.53　连杆盖模型

(9) 其他零件的建模。活塞销(如图 2.1.54)、连杆螺钉(如图 2.1.55)、连杆衬套(如图 2.1.56)和连杆轴瓦(如图 2.1.57)的建模相对较简单，这里不再详述。

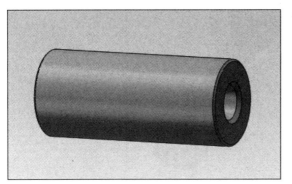

图 2.1.54　活塞销　　　　　　　　　　图 2.1.55　连杆螺钉

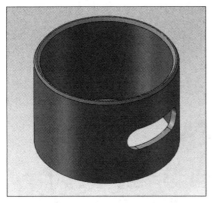

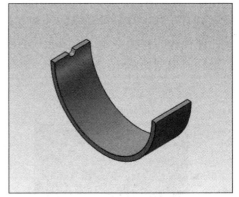

图 2.1.56　连杆衬套　　　　　　　　　图 2.1.57　连杆轴瓦

2.1.3　曲轴的建模

曲轴承受连杆传来的力，并将其转变为转矩，通过曲轴输出并驱动发动机上其他附件工作。曲轴受到旋转质量的离心力、周期变化的气体惯性力和往复惯性力的共同作用，使曲轴承受弯曲扭转载荷的作用。因此，要求曲轴有足够的强度和刚度，轴颈表面需耐磨、耐腐蚀。

曲轴的建模方法如下：

(1) 单击【新建】图标□，在【新建】对话框中选中【零件】按钮，然后单击【确定】按钮，进入草图绘制界面。在前视基准面绘制草图，如图 2.1.58 所示；单击【旋转凸台/基体】图标🍥，旋转实体，构建曲轴的主轴颈及前端和后端，如图 2.1.59、图 2.1.60 所示。

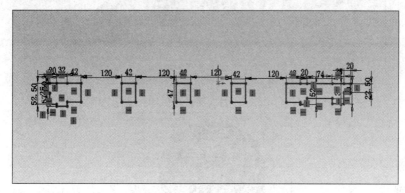

图 2.1.58　绘制草图

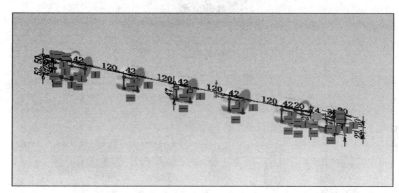

图 2.1.59　旋转凸台

图 2.1.60　主轴颈及前端和后端

(2) 如图 2.1.61 所示，建立基准面，在此基准面上绘制草图，如图 2.1.62 所示；单击【拉伸凸台/基体】图标🗔，绘制曲柄销，如图 2.1.63 所示；采用相同的方法，在规定位置绘制其余的曲柄销，最后形成的曲柄销如图 2.1.64 所示。

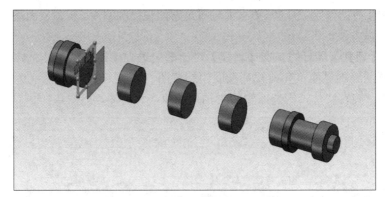

图 2.1.61　建立基准面

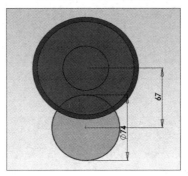

图 2.1.62　绘制草图

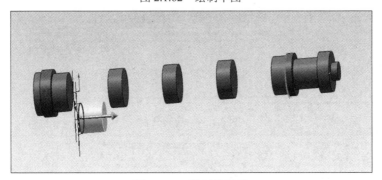

图 2.1.63　绘制曲柄销

图 2.1.64　形成曲柄销

(3) 使用和绘制曲柄销类似的方法绘制曲轴臂和平衡重，如图 2.1.65～图 2.1.68 所示。生成的曲轴实体如图 2.1.69 所示。

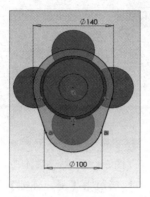

图 2.1.65　绘制草图(1)

图 2.1.66　形成曲轴臂

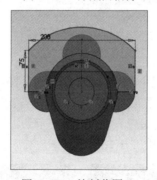

图 2.1.67　绘制草图(2)

图 2.1.68　平衡重

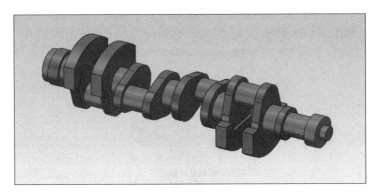

图 2.1.69　曲轴实体

(4) 先在曲轴的前端打一个孔,然后单击【圆周阵列】图标🔳,阵列轴为基准轴 1,角度为 360°,实例数为 8 个,生成前端孔,如图 2.1.70 所示。同理,生成后端孔,如图 2.1.71 所示。

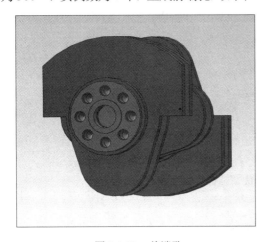

图 2.1.70　前端孔

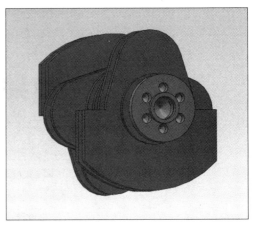

图 2.1.71　后端孔

(5) 绘制如图 2.1.72 所示草图,单击【放样切割】图标🔳,使用放样切割后的实体如图 2.1.73 所示;单击【圆周阵列】图标🔳,阵列特征绘制曲轴前端斜齿轮,如图 2.1.74 所示。同理,可生成曲轴后端的斜齿轮,如图 2.1.75 所示。

至此,曲轴的建模完成,如图 2.1.76 所示。

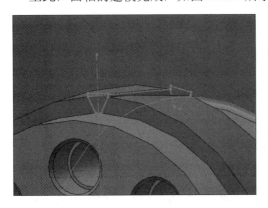

图 2.1.72　绘制草图

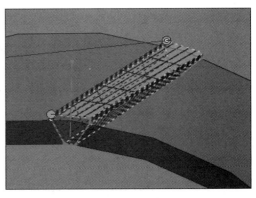

图 2.1.73　放样切割

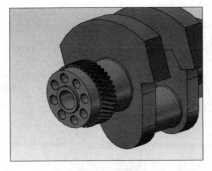

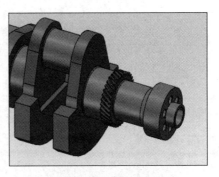

图 2.1.74 前端斜齿轮   图 2.1.75 后端斜齿轮

图 2.1.76 曲轴

2.1.4 机体的建模

机体是发动机的支架，是曲柄连杆机构、配气机构和发动机各系统主要零部件的装配基体。气缸盖用来封闭气缸顶部，并与活塞顶和气缸壁一起形成燃烧室。另外，气缸盖和机体内的水套和油道以及油底壳又分别是冷却系统和润滑系统的组成部分。

机体的建模方法如下：

(1) 如图 2.1.77 所示，取前视基准面按照规定尺寸绘制草图，单击【拉伸凸台/基体】图标 ▥，经过拉伸形成柱形实体，如图 2.1.78 所示。

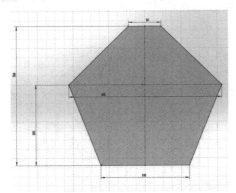

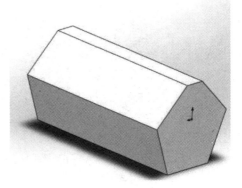

图 2.1.77 绘制草图   图 2.1.78 拉伸实体

(2) 选择柱体端面绘制草图，如图 2.1.79 所示。单击【拉伸凸台/基体】图标 ▥，选择"给定深度"，输入"230.00 mm"，生成单个叶片，如图 2.1.80 所示。

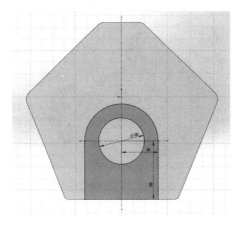

图 2.1.79　绘制草图

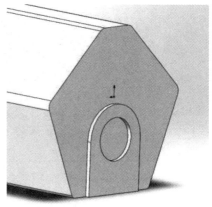

图 2.1.80　拉伸实体

(3) 单击【圆角】图标 ，选择图 2.1.81 所示边线；设置半径为 8.00 mm，生成圆角，如图 2.1.82 所示。

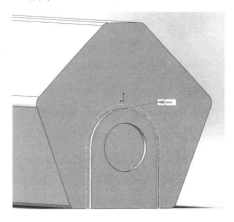

图 2.1.81　设置半径

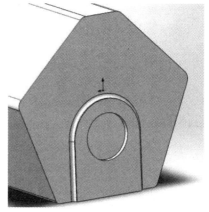

图 2.1.82　生成圆角

(4) 如图 2.1.83 所示，取前视基准面按照规定尺寸绘制草图；单击【拉伸凸台/基体】图标 ，选择"给定深度"，输入"20.00 mm"；经过拉伸生成实体，如图 2.1.84 所示。

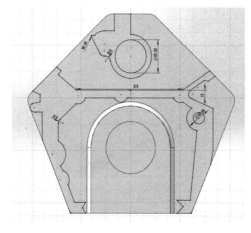

图 2.1.83　绘制草图

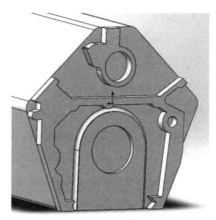

图 2.1.84　拉伸实体

（5）如图 2.1.85 所示，取前视基准面按照规定尺寸绘制草图；单击【拉伸凸台/基体】图标 ，选择"给定深度"，输入"15.00 mm"。经过拉伸生成实体，如图 2.1.86 所示。

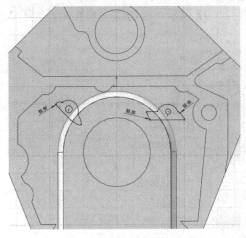

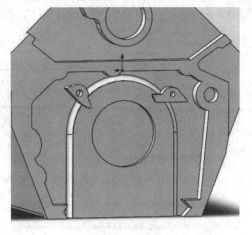

　　　　图 2.1.85　绘制草图　　　　　　　　　　　图 2.1.86　拉伸实体

（6）取前视基准面，按照规定尺寸绘制草图；单击【拉伸凸台/基体】图标 ，方向 1 选择"给定深度"，输入"10.00 mm"；方向 2 选择"到离指定面指定距离"，输入距离"10.00 mm"，如图 2.1.87 所示。经过拉伸生成实体，如图 2.1.88 所示。

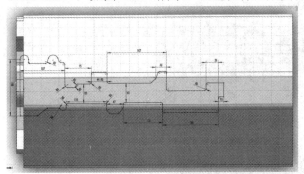
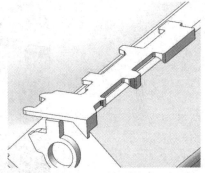

　　　　图 2.1.87　绘制草图　　　　　　　　　　　图 2.1.88　拉伸实体

（7）如图 2.1.89 所示，选择机体侧面作为基准面，按照规定尺寸绘制草图；单击【拉伸切除】图标 ，深度设置为 0.9 mm。经过拉伸生成实体，如图 2.1.90 所示。

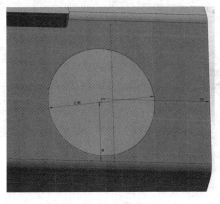
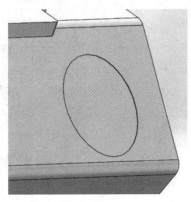

　　　　图 2.1.89　绘制草图　　　　　　　　　　　图 2.1.90　拉伸实体

(8) 选择前面拉伸切除产生的圆形平面为基准面，绘制直径为 140 mm 的同心圆和如图 2.1.91 所示的小圆。单击【拉伸切除】图标 ⬛，方向 1"给定深度"设置为"200.00 mm"；方向 2"给定深度"设置为"50.00 mm"，如图 2.1.92 所示。经切除生成孔洞，如图 2.1.93 所示。

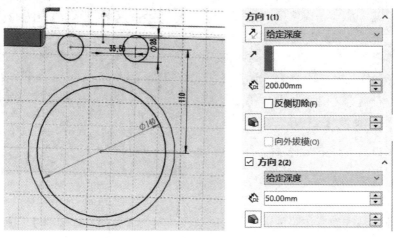

图 2.1.91　绘制草图　　　　　　　　　　图 2.1.92　设置参数

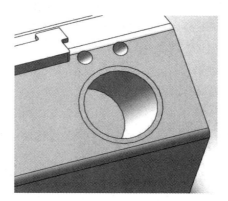

图 2.1.93　切除实体

(9) 选择上一步的对称平面，采用同样方法生成实体，如图 2.1.94 所示。

图 2.1.94　镜像实体

(10) 在工具栏中单击【参考】图标，在下拉列表中单击"基准面"，如图 2.1.95 所示。

在左侧窗口选择参考平面，设置距离为 148.00 mm，如图 2.1.96 所示。生成"基准面 2"，如图 2.1.97 所示。

图 2.1.95　设置参考　　　图 2.1.96　基准面对话框　　　图 2.1.97　建立基准面

　　(11) 选择上一步建立的基准面绘制草图，如图 2.1.98 所示。单击【拉伸切除】图标，方向 1 "给定深度"设置为 "80.00 mm"；方向 2 "给定深度"设置为 "80.00 mm"，如图 2.1.99 所示。经切除生成气缸腔，如图 2.1.100 所示。

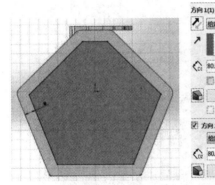

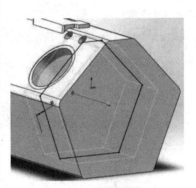

图 2.1.98　绘制草图　　　图 2.1.99　切除对话框　　　图 2.1.100　切除实体

　　(12) 选择机体侧面为基准面，绘制如图 2.1.101 小圆。单击【圆周草图阵列】图标，在左侧选择要阵列的实体和圆周阵列的圆心点，设置实例数为 3，实体选择已绘制的小圆，如图 2.1.102 所示；生成阵列草图，如图 2.1.103 所示；单击【拉伸切除】图标，深度输入 "10.00 mm"。经切除形成实体，如图 2.1.104 所示。

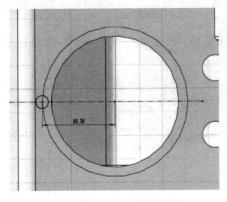

图 2.1.101　绘制草图　　　　　图 2.1.102　阵列对话框

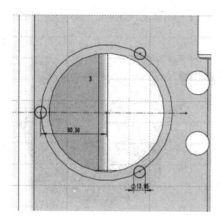

图 2.1.103 阵列草图

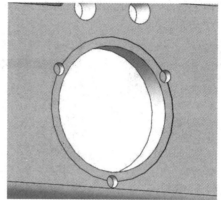

图 2.1.104 切除实体

(13) 单击【线性阵列】图标，选择之前建立的多个特征为要阵列的特征，在左侧设置阵列数为 4，间距为 168.00 mm，选择边线<1>为阵列轴，如图 2.1.105、图 2.1.106 所示。生成阵列实体如图 2.1.107 所示。

图 2.1.105 阵列对话框

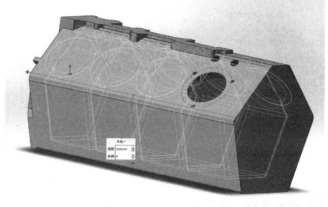

图 2.1.106 阵列特征

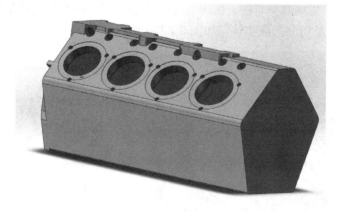

图 2.1.107 阵列特征结果

(14) 如图 2.1.108 所示，选择气缸体侧面为基准面，按照规定尺寸绘制草图圆。单击

【拉伸切除】图标 ，深度设置 10.00 mm，如图 2.1.109 所示。单击【线性阵列】图标 ，选择上一步建立的孔特征为要阵列的特征，在左侧设置阵列数为 4，间距为 168.00 mm，如图 2.1.110 所示。生成阵列实体如图 2.1.111 所示。

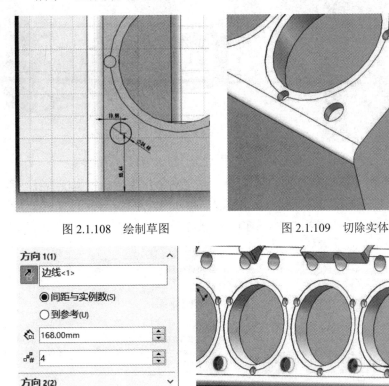

图 2.1.108　绘制草图　　　　　　　图 2.1.109　切除实体

图 2.1.110　【阵列】对话框　　　　　图 2.1.111　阵列实体

运用相同方法在其对称面建立相同特征，如图 2.1.112 所示。

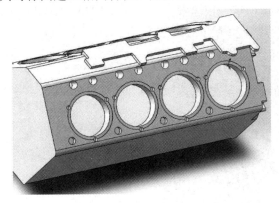

图 2.1.112　机体侧面

(15) 如图 2.1.113 所示，选择机体底面为基准面，按照规定尺寸绘制草图。单击【拉伸切除】图标 ，深度设置为 10.00 mm，如图 2.1.114 所示。

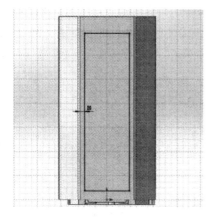

图 2.1.113　绘制草图

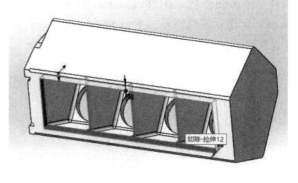

图 2.1.114　切除实体

(16) 单击工具栏【异型孔向导】图标，在左侧窗口中选择锥型沉头孔，再选择相关参数，如图 2.1.115 所示。确定后，在左侧窗口单击 3D 草图，如图 2.1.116 所示。再将鼠标放到需要打孔的面单击鼠标左键，确定后完成打孔，如图 2.1.117、图 2.1.118 所示。

图 2.1.115　孔对话框

图 2.1.116　选择孔位置

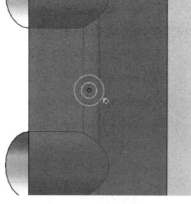

图 2.1.117　设置孔(1)

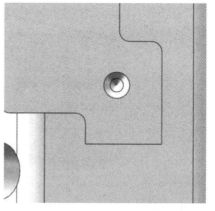

图 2.1.118　设置孔(2)

(17) 单击工具栏【异型孔向导】图标 ，在左侧窗口中选择锥型沉头孔，再选择相关参数，如图 2.1.119 所示。确定后，在左侧窗口单击 3D 草图，如图 2.1.120 所示；将鼠标放到需要打孔的面单击鼠标左键，确定后完成打孔，如图 2.1.121、图 2.1.122 所示。

图 2.1.119　孔对话框　　　　　图 2.1.120　选择位置

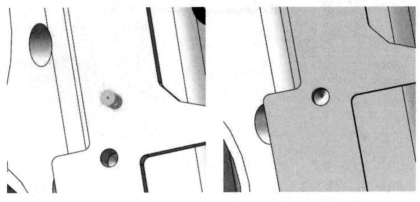

图 2.1.121　设置孔(1)　　　　　图 2.1.122　设置孔(2)

(18) 如图 2.1.123 所示，取机体一端面为基准面绘制草图圆，单击【拉伸切除】图标 ，生成特征孔，如图 2.1.124 所示。

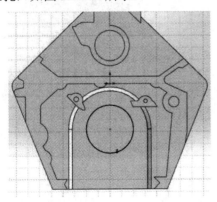 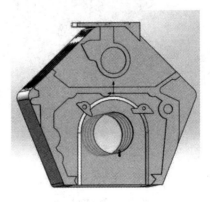

图 2.1.123　绘制草图　　　　　图 2.1.124　切除实体

(19) 以上一步方法在如图 2.1.125 所示端面绘制草图，拉伸切除生成特征孔，如图 2.1.126 所示。

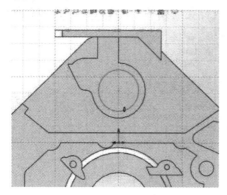 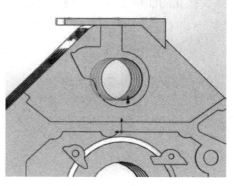

图 2.1.125　绘制草图　　　　　　　　　图 2.1.126　切除实体

(20) 在工具栏单击【参考】图标，单击基准面。在左侧窗口选择参考平面，设置距离 15.00 mm，如图 2.1.127 和图 2.1.128 所示。生成基准面 2，如图 2.1.129 所示。

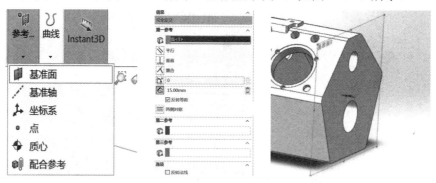

图 2.1.127　选择基准面　　图 2.1.128　基准面对话框　　图 2.1.129　建立基准面

(21) 在新建立的基准面 2 上绘制草图，如图 2.1.130 所示。然后单击【拉伸凸台/基体】图标，选择"给定深度"，输入"55.00 mm"，生成实体，如图 2.1.131 所示。

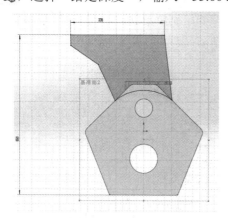 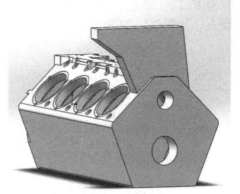

图 2.1.130　绘制草图　　　　　　　　　图 2.1.131　拉伸实体

(22) 选择上一步生成的实体的一面为基准面，按规定尺寸绘制如图 2.1.132 所示草图。单击【拉伸凸台/基体】图标，选择"给定深度"，输入"20.00 mm"，生成实体，如

图 2.1.133 所示。

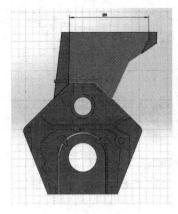

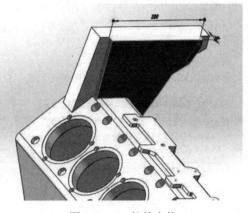

图 2.1.132　绘制草图　　　　　　　图 2.1.133　拉伸实体

(23) 重复上一步操作，以新形成特征的端面为基准面绘制草图，单击【拉伸凸台/基体】图标 ，选择"给定深度"，之后分别输入"40.00 mm""17.00 mm"，生成实体，如图 2.1.134 所示。

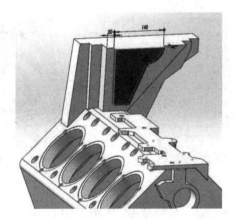

图 2.1.134　拉伸实体

(24) 选择图 2.1.135 所示端面为基准面，绘制草图，如图 2.1.136 所示。单击【拉伸凸台/基体】图标 ，选择"成形到下一面"，生成实体，如图 2.1.137、图 2.1.138 所示。

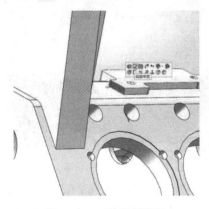

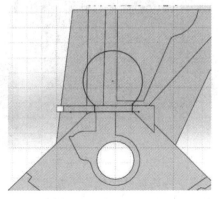

图 2.1.135　选择基准面　　　　　　图 2.1.136　绘制草图

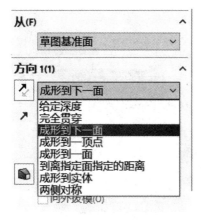

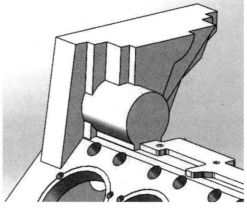

图 2.1.137　拉伸对话框　　　　　　　图 2.1.138　拉伸实体

(25) 选择之前建立圆柱特征的端面为基准面,绘制直径为 85.00 mm 的圆,如图 2.1.139 所示。单击【拉伸切除】图标💾,在左侧窗口选择"完全贯穿",生成所需孔洞,如图 2.1.140 所示。

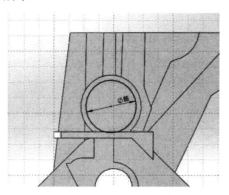

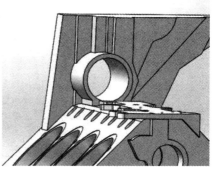

图 2.1.139　绘制草图　　　　　　　图 2.1.140　切除实体

(26) 选择图示端面为基准面,绘制草图,如图 2.1.141 所示。单击【旋转切除】图标🗐,切除实体,如图 2.1.142 所示。

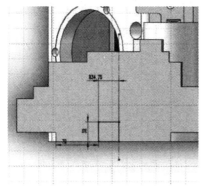

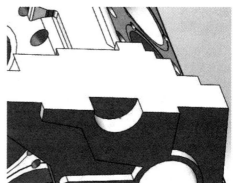

图 2.1.141　绘制草图　　　　　　　图 2.1.142　旋转切除

(27) 选择上一步所选的端面为基准面,绘制草图,如图 2.1.143 所示。单击【拉伸切除】图标💾,选择"给定深度",输入"25.00 mm",生成特征如图 2.1.144 所示。

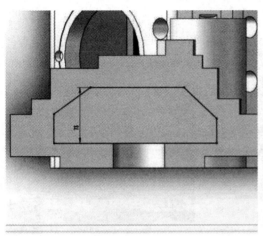

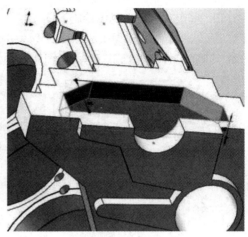

图 2.1.143　绘制草图　　　　　　　　　　　　图 2.1.144　切除实体

(28) 在工具栏单击【参考】图标，再单击基准面。在左侧窗口选择参考平面，设置距离为"32.15 mm"，如图 2.1.145、图 2.1.146 所示。生成基准面 3，如图 2.1.147 所示。

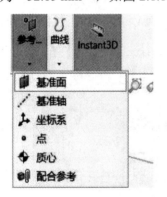

图 2.1.145　选择基准面　　　图 2.1.146　基准面对话框　　　图 2.1.147　建立基准面

(29) 在上一步生成的基准面 3 上绘制草图，如图 2.1.148 所示。然后选择第(33)步生成特征的内侧面为基准面，绘制如图 2.1.149 所示草图。

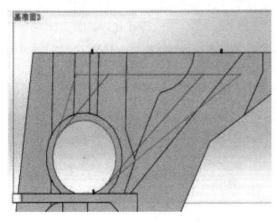

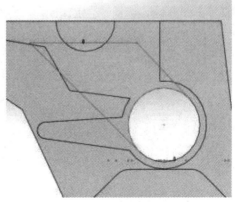

图 2.1.148　选择基准面　　　　　　　　　　　图 2.1.149　绘制草图

(30) 单击左上角【草图绘制】图标 下面的小三角,选择 3D 草图绘制,绘制如图 2.1.150 所示两条直线作导引线。单击【放样凸台/基体】图标,选择上一步绘制的两草图为轮廓,绘制的 3D 草图为引导线,如图 2.1.151 所示,进行放样后生成,特征如图 2.1.152 所示。

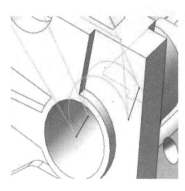  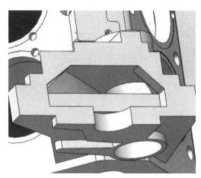

图 2.1.150　绘制 3D 草图　　　　图 2.1.151　放样切除　　　　图 2.1.152　切除实体

(31) 选择上一步生成特征的内侧面作为基准面,绘制如图 2.1.153 所示草图。单击【拉伸切除】图标,选择"给定深度",输入"32.15 mm",生成特征,如图 2.1.154 所示。

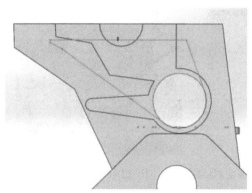 

图 2.1.153　绘制草图　　　　　　　　　图 2.1.154　切除实体

(32) 选择机体的一端作为基准面,绘制直径为 30 mm 的圆,如图 2.1.155 所示。单击【拉伸切除】图标,选择"给定深度",输入"32.15 mm"。生成特征孔,如图 2.1.156 所示。

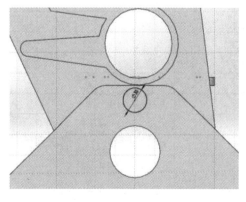 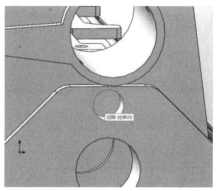

图 2.1.155　绘制草图　　　　　　　　　图 2.1.156　切除实体

(33) 选择机体的一端作为基准面，绘制草图，如图 2.1.157 所示。单击【拉伸切除】图标 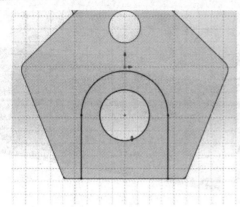，选择"给定深度"，输入"32.15 mm"，生成特征，如图 2.1.158 所示。

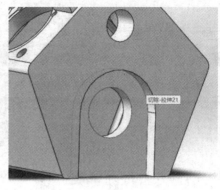

　　图 2.1.157　绘制草图　　　　　　　　图 2.1.158　切除实体

(34) 选择机体下部侧面为基准面，绘制草图，如图 2.1.159 所示。单击【拉伸凸台/基体】图标 ，选择"给定深度"，输入"10.00 mm"，生成实体，如图 2.1.160 所示。

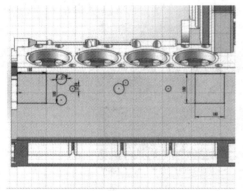
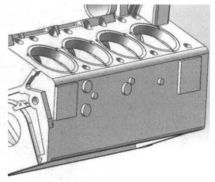

　　图 2.1.159　绘制草图　　　　　　　　图 2.1.160　拉伸实体

(35) 单击工具栏【圆角】 图标，半径设为 15.00 mm，边线选择如图 2.1.161 所示。生成圆角特征，如图 2.1.162 所示。

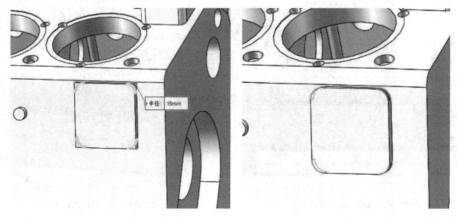

　　图 2.1.161　设置圆角　　　　　　　　图 2.1.162　生成圆角

(36) 依然选择机体下部侧面为基准面，绘制矩形草图，如图 2.1.163 所示。单击【拉伸凸台/基体】图标📦，选择"给定深度"，输入"5.00 mm"，生成实体，如图 2.1.164 所示。

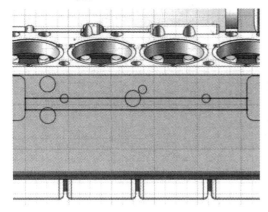

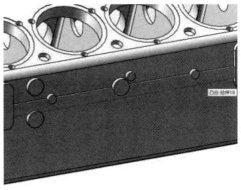

图 2.1.163　绘制草图　　　　　　　　　　　图 2.1.164　拉伸实体

(37) 单击工具栏【圆角】📦图标。选择边线生成圆角，使几何特征平滑过渡，如图 2.1.165 所示。

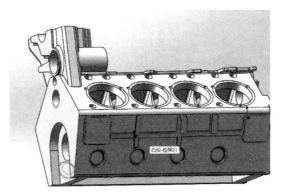

图 2.1.165　生成圆角

(38) 选择刚建立的特征为基准面，绘制草图，如图 2.1.166 所示。单击【拉伸切除】图标📄，选择"给定深度"，输入"10.00 mm"。生成特征，如图 2.1.167 所示。

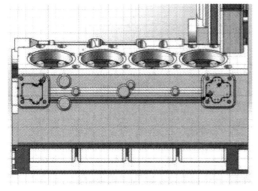

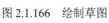

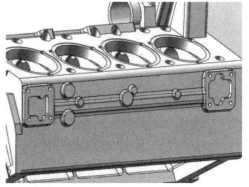

图 2.1.166　绘制草图　　　　　　　　　　　图 2.1.167　切除实体

(39) 依然选择机体下部侧面为基准面，绘制直径为 86.00 mm 的圆的草图，如图 2.1.168

所示；单击【线性草图阵列】图标，间距为 160 mm，实例数为 4，实体选择草图圆，
形成阵列草图，如图 2.1.169、图 2.1.170 所示；单击【拉伸切除】图标，选择"给定深
度"，输入"10.00 mm"。生成特征，如图 2.1.171 所示。

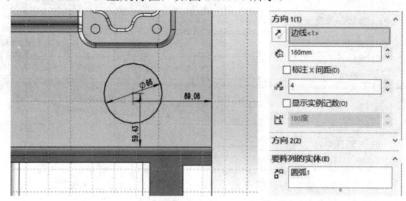

图 2.1.168　绘制草图　　　　　　　　　图 2.1.169　阵列对话框

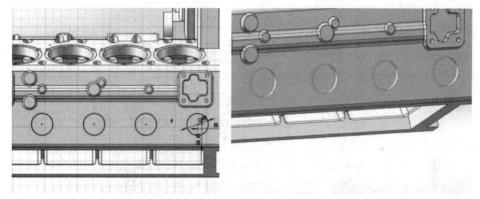

图 2.1.170　阵列草图　　　　　　　　　图 2.1.171　切除实体

(40) 选择上一步拉伸切除生成的圆平面作为基准面，绘制直径为 25.00 mm 的同心圆，
如图 2.1.172 所示；单击【拉伸切除】图标，选择"给定深度"，输入"20.00 mm"。
生成特征，如图 2.1.173 所示。

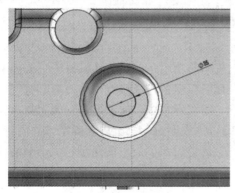
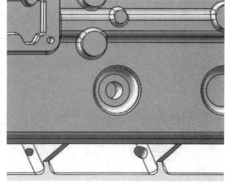

图 2.1.172　绘制草图　　　　　　　　　图 2.1.173　切除实体

(41) 单击【线性阵列】图标，选择上一步建立的特征孔为要阵列的特征，在左侧设
置阵列数为 4，间距为 160.00 mm，选择"边线<1>"为阵列轴，如图 2.1.174 所示。生成

阵列特征,如图 2.1.175 所示。

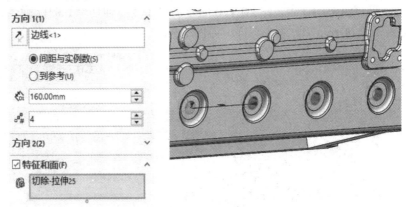

图 2.1.174　阵列对话框　　　　　　图 2.1.175　阵列实体

(42) 在对称侧平面采用相同方法,生成特征如图 2.1.176 所示。

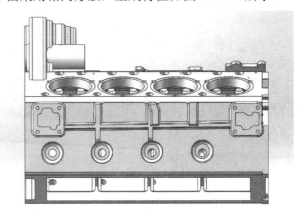

图 2.1.176　机体

至此,机体建模完成。

2.2　配气机构的建模

　　配气机构是柴油机的重要组成部分。配气机构的功用是按照柴油机每一气缸内所进行的工作循环和着火顺序的要求,定时开启和关闭各气缸的进、排气门,使新鲜空气得以及时进入气缸,废气得以及时排出气缸;在压缩与膨胀行程中,保证燃烧室的密封。新鲜空气充满气缸的程度用充气效率表示,充气效率越高,表明进入气缸内新鲜空气的质量越大,相应的喷入气缸的燃油就可以越多,可燃混合气燃烧时可能放出的热量越大,柴油机发出的功率也越大。

2.2.1　凸轮轴的建模

　　凸轮轴的作用是控制气门的开启和闭合动作。虽然在四冲程发动机里凸轮轴的转速是曲轴的一半(在二冲程发动机中凸轮轴的转速与曲轴相同)，不过通常它的转速依然很高，而且需要承受很大的扭矩，因此设计时对凸轮轴强度和韧性的要求很高，其材质一般采用优质合金钢或合金铸铁。

凸轮轴的建模方法如下：

(1) 启动 SolidWorks 软件，单击【新建】图标，在新建对话框中选中【零件】按钮，然后单击【确定】按钮，进入草图绘制界面。

(2) 如图 2.2.1 所示，取前视基准面按照规定尺寸绘制草图，单击【旋转凸台/基体】图标，以草图为旋转轮廓，经过旋转生成凸轮轴的主体部分，如图 2.2.2 所示。

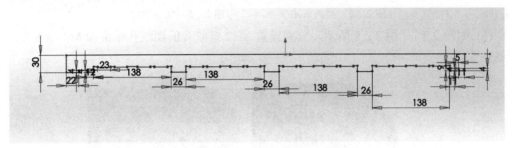

图 2.2.1 绘制草图

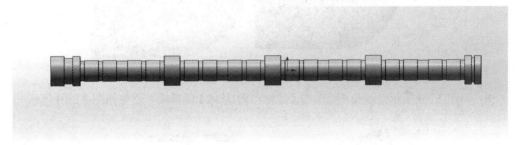

图 2.2.2 旋转实体

(3) 如图 2.2.3 所示，取上一步生成的实体的左侧面作为基准面绘制草图。单击【拉伸切除】图标，生成实体，如图 2.2.4 所示。

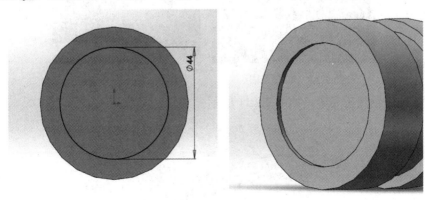

图 2.2.3 绘制草图   图 2.2.4 切除实体

(4) 如图 2.2.5 所示，在切除后的实体表面绘制草图。单击【拉伸切除】图标，设置深度为 20 mm，生成如图 2.2.6 所示的圆孔。

图 2.2.5　绘制草图　　　　　　　图 2.2.6　切除实体

(5) 如图 2.2.7、图 2.2.8 所示,分别设置 M12 螺纹孔的螺纹孔钻头和 M8 螺纹孔的螺纹孔钻头。

图 2.2.7　设置螺纹钻头(M12)　　图 2.2.8　设置螺纹钻头(M8)

(6) 如图 2.2.9 所示绘制草图,单击【拉伸凸台/基体】图标 ,生成如图 2.2.10 所示凸轮。

图 2.2.9　绘制草图　　　　　　　图 2.2.10　拉伸实体

至此,凸轮轴建模完毕,如图 2.2.11 所示。

图 2.2.11　凸轮轴

2.2.2　气门的建模

气门的作用是封闭或开启进、排气通道，气门顶面的形状有平顶、凸顶和凹顶等。平顶气门结构简单、制造方便、吸热面积小，进、排气门均可采用；凸顶气门适用于排气门；凹顶气门适用于进气门。下面以平顶气门为例建立气门模型。

气门的建模方法如下：

(1) 如图 2.2.12 所示，取前视基准面，按照规定尺寸绘制草图。单击【旋转凸台/基体】图标，以草图为旋转轮廓，直线 1 为旋转轴，旋转特征如图 2.2.13 所示；经过旋转生成气门主体部分，如图 2.2.14 所示。

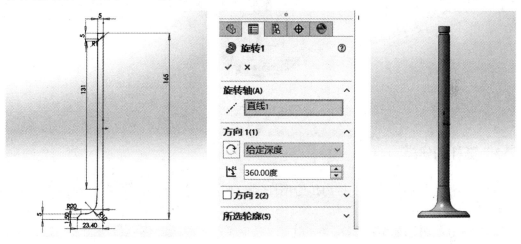

图 2.2.12　绘制草图　　　　　图 2.2.13　【旋转】对话框　　图 2.2.14　气门主体部分

(2) 如图 2.2.15 所示，生成气门的顶部设置倒角特征。

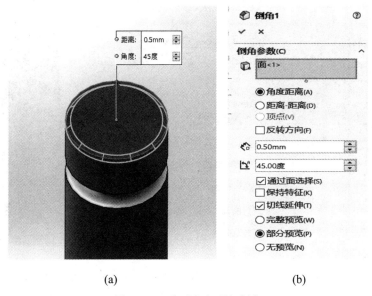

(a)　　　　　　　　　　　　　(b)

图 2.2.15　生成气门顶部倒角

至此，气门建模完成，如图 2.2.16 所示。

图 2.2.16　气门

2.2.3　挺柱的建模

挺柱的作用是将凸轮轴的推力传给推杆(或气门杆)，并承受凸轮轴旋转时所施加的侧向力。

挺柱的建模方法如下：

(1) 如图 2.2.17 所示，取前视基准面按照规定尺寸绘制草图。单击【旋转凸台/基体】图标，以草图为旋转轮廓，直线 1 为旋转轴，旋转特征设置如图 2.2.18 所示，经过旋转生成挺柱主体部分，如图 2.2.19 所示。

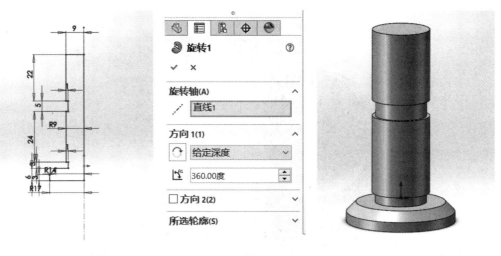

图 2.2.17　绘制草图　　　　图 2.2.18　【旋转】对话框　　　　图 2.2.19　挺柱主体部分

(2) 如图 2.2.20 所示,在生成的实体顶面绘制草图,单击【拉伸切除】图标▣,切除主体如图 2.2.21 所示。

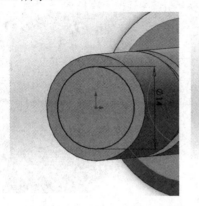

图 2.2.20 绘制草图   图 2.2.21 切除主体

(3) 如图 2.2.22 所示,在前视基准面上绘制草图。单击【旋转切除】图标🐢,以草图为旋转轮廓,直线 4 为旋转轴,旋转切除特征如图 2.2.23 所示,切除后生成实体如图 2.2.24 所示。

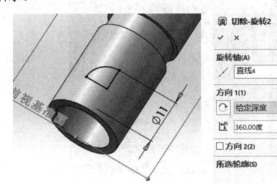

图 2.2.22 绘制草图   图 2.2.23 旋转切除对话框   图 2.2.24 生成实体

(4) 如图 2.2.25 所示,建立草图基准面 1。

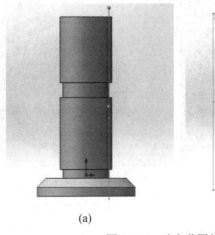
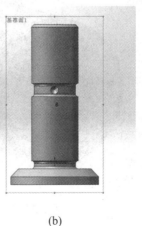

(a)   (b)

图 2.2.25 建立草图基准面

(5) 如图 2.2.26 所示，在草图基准面 1 上绘制草图。然后在此位置生成一个 M1.2 螺纹孔的螺纹孔钻头，如图 2.2.27 所示。

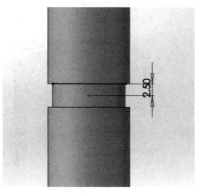

图 2.2.26　绘制草图　　　　　　图 2.2.27　生成螺纹孔钻头

(6) 如图 2.2.28 所示，在挺柱上绘制草图。单击【拉伸切除】图标，设置方向为成形到下一个面，生成特征如图 2.2.29 所示。

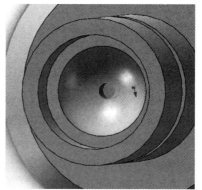

图 2.2.28　绘制草图　　　　　　图 2.2.29　生成特征

(7) 设置倒角 1 和倒角 2，如图 2.2.30、图 2.2.31 所示。

图 2.2.30　设置倒角 1　　　　　　图 2.2.31　设置倒角 2

至此，挺柱建模完成，如图 2.2.32 所示。

图 2.2.32　挺柱

2.2.4　摇臂的建模

摇臂实际上是一个双臂杠杆，用来将推杆传来的力改变方向，作用到气门杆端以推开气门。

摇臂的建模方法如下：

(1) 如图 2.2.33 所示，取前视基准面按照规定尺寸绘制草图；单击【拉伸凸台/基体】图标，生成实体，如图 2.2.34 所示。

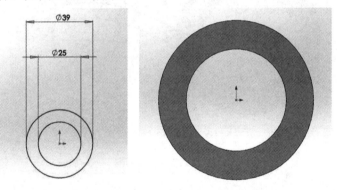

图 2.2.33　绘制草图　　　　　　图 2.2.34　生成实体

(2) 如图 2.2.35 所示，选择特定位置，在前视基准面上绘制草图；单击【拉伸凸台/基体】图标，拉伸生成如图 2.2.36 所示立方体。

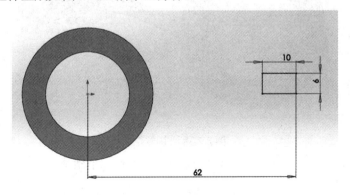

图 2.2.35　绘制草图

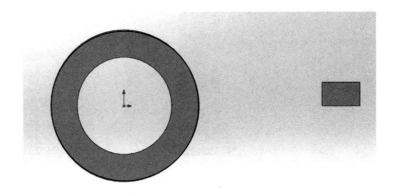

图 2.2.36 生成实体

(3) 如图 2.2.37 所示，在前视基准面上绘制草图，单击【拉伸凸台/基体】图标 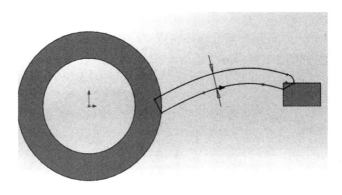，生成如图 2.2.38 所示实体。

图 2.2.37 绘制草图

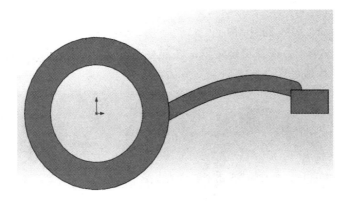

图 2.2.38 生成实体

(4) 如图 2.2.39 所示，在距上视基准面 25 mm 处建立草图基准面 1。

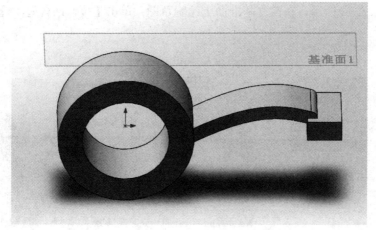

图 2.2.39　建立草图基准面 1

(5) 如图 2.2.40 所示，在草图基准面 1 上绘制草图。单击【拉伸凸台/基体】图标📦，方向为生成到下一平面，如图 2.2.41 所示。

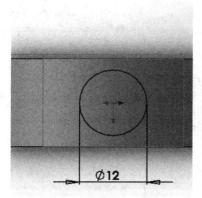

图 2.2.40　绘制草图

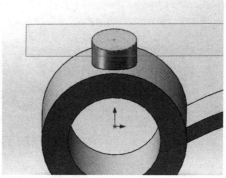

图 2.2.41　生成实体

(6) 如图 2.2.42 所示，在草图基准面 1 上绘制草图。单击【拉伸凸台/基体】图标📦，生成实体如图 2.2.43 所示。

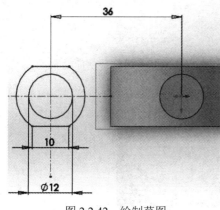

图 2.2.42　绘制草图

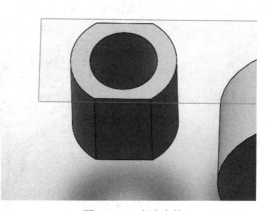

图 2.2.43　生成实体

(7) 如图 2.2.44 所示，在前视基准面上绘制草图；单击【拉伸凸台/基体】图标 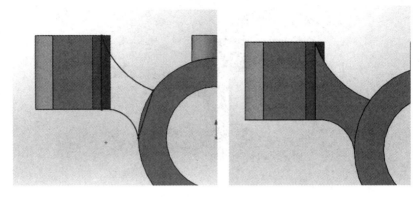，如图 2.2.45 所示。

图 2.2.44　绘制草图　　　　　图 2.2.45　生成实体

(8) 在前视基准面上绘制一条直线，如图 2.2.46 所示；单击【筋】图标 ，设置参数如图 2.2.47 所示，生成筋 1，如图 2.2.48 所示。

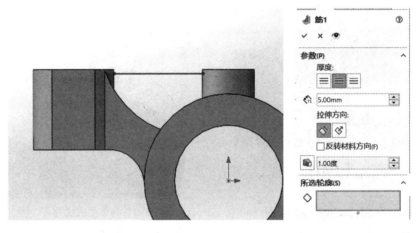

图 2.2.46　绘制草图　　　　　图 2.2.47　【筋】对话框

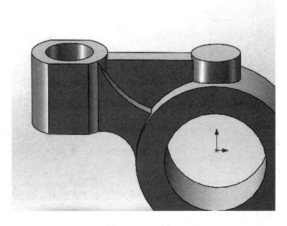

图 2.2.48　筋 1

(9) 同理，生成另一条筋 2，如图 2.2.49 所示。

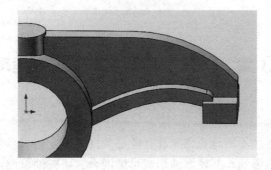

图 2.2.49　筋 2

至此，摇臂建模完成，如图 2.2.50 所示。

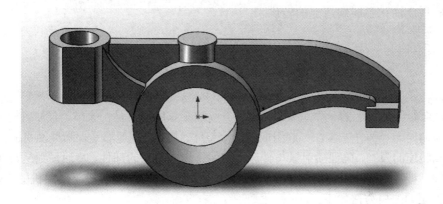

图 2.2.50　摇臂

第3章　燃油供给系统的三维建模

为使柴油机能够连续不断地正常工作，除必须向各缸定时提供新鲜空气外，还必须定时、定量地向各缸提供燃油，并使燃油形成可燃混合气。柴油机燃油供给系统的作用就是按照柴油机工作要求，定时、定量和按序地向各缸燃烧室提供干净、清洁的燃油，并使燃油按照燃烧理论要求达到所需的雾化程度，与气缸内空气混合形成可燃混合气，自行着火燃烧，实现燃油化学能向热能的转化。

3.1　喷油泵的建模

喷油泵是柴油机上的一个重要组成部分。喷油泵总成通常是由泵体、泵油机构、油量调节装置和调速器等部件安装在一起组成的一个整体。其中，调速器是保障柴油机的低速运转和对最高转速的限制，确保喷射量与转速之间保持一定关系的部件。喷油泵则是柴油机最重要的部件，被视为柴油发动机的"心脏"部件，它一旦出问题会使整个柴油机的工作失常。

喷油泵的建模方法如下：

(1) 启动 SolidWorks 软件，单击【新建】图标，在【新建】对话框中选中【零件】按钮，然后单击【确定】按钮，进入草图绘制界面。

(2) 如图 3.1.1 所示，取前视基准面按照规定尺寸绘制草图。单击【拉伸凸台/基体】图标，经过拉伸生成喷油泵底座部分，如图 3.1.2 所示。

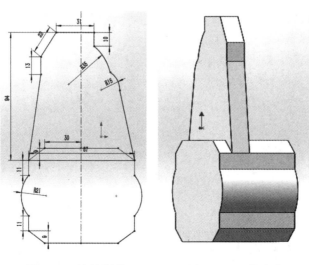

图 3.1.1　绘制草图　　　　图 3.1.2　泵体底座

(3) 设定参数为距离选定面 20.00 mm, 生成参考基准面如图 3.1.3、图 3.1.4 所示; 以基准面 1 为基准面绘制草图, 如图 3.1.5 所示, 然后单击【拉伸凸台/基体】图标📦, 经过拉伸生成外圆柱部分, 如图 3.1.6 所示; 在拉伸的参数设定里选择"两侧对称", 以给定边中点建立参考基准面, 绘制草图, 如图 3.1.7 所示; 单击【筋】图标🖐, 生成加强筋, 如图 3.1.8 所示; 以圆柱上表面为参考基准面绘制草图圆, 单击【拉伸切除】图标📦, 进行打孔, 如图 3.1.9 所示; 以两边对称面建立参考基准面, 如图 3.1.10 所示; 单击【镜像】图标🖷, 选中要镜像的实体, 生成镜像特征, 如图 3.1.11 所示, 生成喷油泵柱塞孔。

图 3.1.3　【基准面】对话框

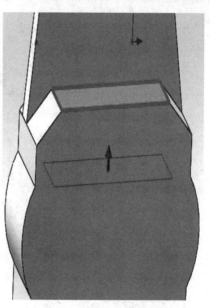

图 3.1.4　生成基准面

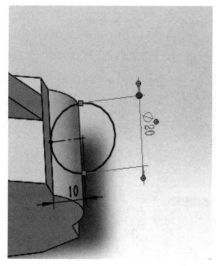

图 3.1.5　绘制草图

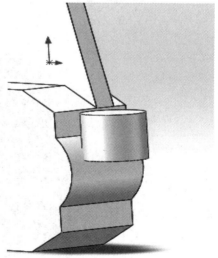

图 3.1.6　生成实体

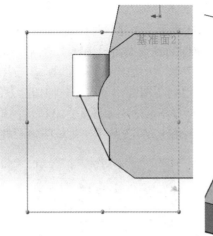

图 3.1.7　建立参考基准面　　　　　　　图 3.1.8　生成筋

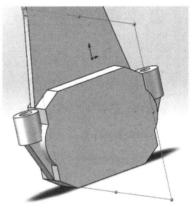

图 3.1.9　打孔　　　　　　　图 3.1.10　建立参考基准面

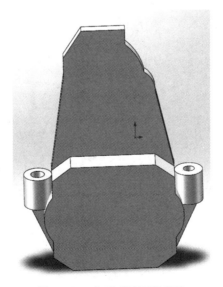

图 3.1.11　生成喷油泵柱塞孔

（4）以选定平面为参考面绘制草图，然后单击【拉伸凸台/基体】图标🔲，经拉伸生成凸起圆柱部分，如图 3.1.12 所示。以凸起圆柱平面为参考平面绘制草图，然后单击【拉伸凸台/基体】🔲，生成凸起圆柱部分，如图 3.1.13 所示。以凸起圆柱为参考平面绘制草图，然后单击【拉伸切除】图标🔲，进行打孔，如图 3.1.14、图 3.1.15 所示，生成喷油泵供油口。

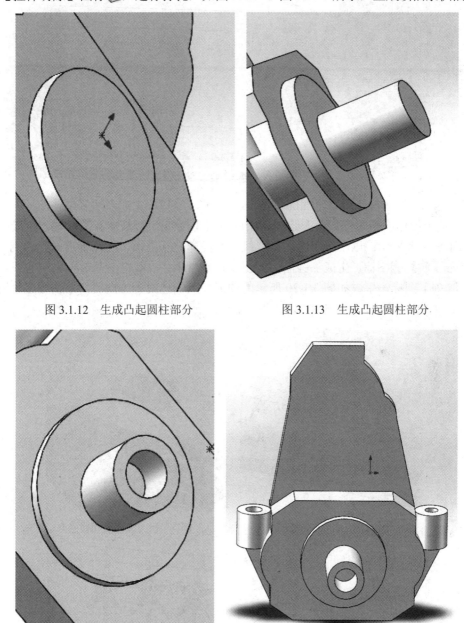

图 3.1.12　生成凸起圆柱部分　　　　　　图 3.1.13　生成凸起圆柱部分

图 3.1.14　打孔　　　　　　图 3.1.15　生成喷油泵供油口

（5）选中底座所有平面的草图，如图 3.1.16 所示。然后单击【拉伸凸台/基体】🔲，生成拉伸基体，如图 3.1.17 所示，即生成喷油泵泵体，在此基础上对其他组成部件建模。

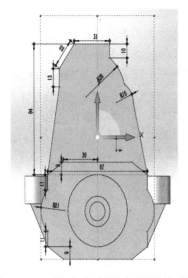
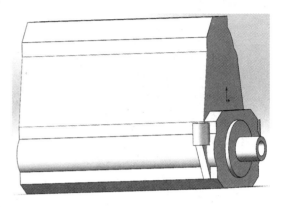

图 3.1.16　选中底座所有平面的草图　　　　图 3.1.17　生成喷油泵泵体

(6) 选中侧边的平面进行草图绘制，然后单击【拉伸凸台/基体】图标 ，生成拉伸基体，如图 3.1.18 所示；以平行于圆柱中心线的平面建立基准面，在此基准面上绘制草图，然后单击【筋】 图标，生成加强筋，如图 3.1.19 所示；以圆柱的基准轴为中心线，单击【圆周阵列】图标，生成如图 3.1.20 所示的图形；以侧边线为方向线，单击【线性阵列】图标 ，生成阵列实体，如图 3.1.21、图 3.1.22 所示。

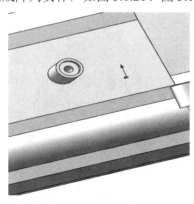
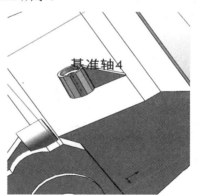

图 3.1.18　生成拉伸基体　　　　　　　　图 3.1.19　生成加强筋

图 3.1.20　生成实体　　　　　　　　　图 3.1.21　阵列实体(1)

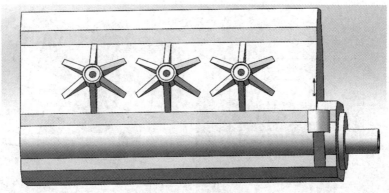

图 3.1.22　阵列实体(2)

(7) 建立基准面绘制草图，如图 3.1.23 所示，然后单击【拉伸凸台/基体】，生成拉伸基体(1)，如图 3.1.24 所示；以拉伸的凸台平面为基准面绘制草图，然后单击【拉伸凸台/基体】，生成拉伸基体(2)，如图 3.1.25 所示；以第一个拉伸凸台平面为基准面绘制草图，然后单击【拉伸凸台/基体】，生成拉伸基体(3)，如图 3.1.26 所示；建立基准面绘制草图，如图 3.1.27 所示，然后单击【拉伸凸台/基体】，生成拉伸基体(4)，如图 3.1.28 所示；建立基准面绘制草图，然后单击【拉伸凸台/基体】，生成拉伸基体(5)，如图 3.1.29 所示；建立基准面，然后单击【镜像】图标，选中要镜像的实体，如图 3.1.30 所示，生成镜像实体。

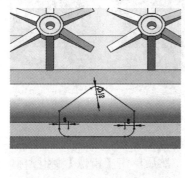

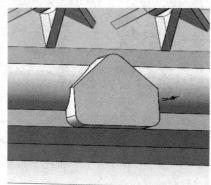

图 3.1.23　绘制草图　　　　　　　图 3.1.24　生成拉伸基体(1)

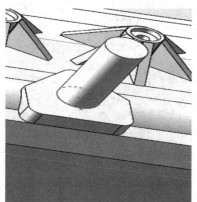

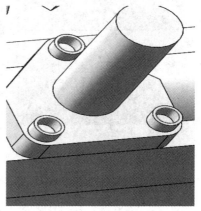

图 3.1.25　生成拉伸基体(2)　　　　图 3.1.26　生成拉伸基体(3)

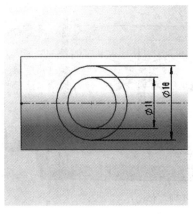

图 3.1.27　绘制草图

图 3.1.28　生成拉伸基体(4)

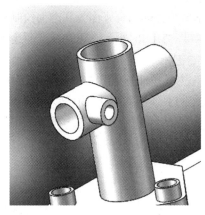

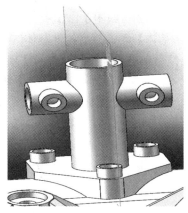

图 3.1.29　生成拉伸基体(5)

图 3.1.30　生成镜像实体

(8) 新建基准面，绘制草图，如图 3.1.31 所示，然后单击【拉伸凸台/基体】🗔图标，生成拉伸实体，如图 3.1.32 所示；新建基准面，然后单击【镜像】🕨图标，生成镜像实体，如图 3.1.33 所示。

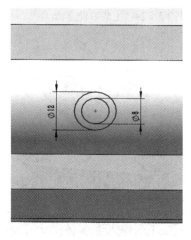

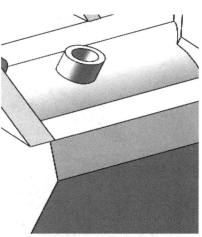

图 3.1.31　绘制草图

图 3.1.32　拉伸实体

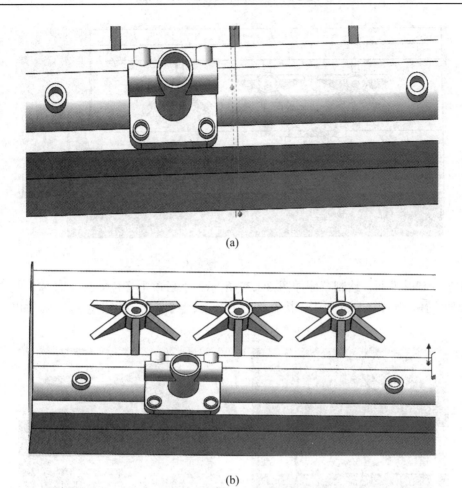

(a)

(b)

图 3.1.33　生成镜像实体

（9）选择侧边平面为基准面绘制草图，如图 3.1.34 所示，然后单击【拉伸凸台/基体】图标，生成拉伸实体，如图 3.1.35 所示；单击【镜像】图标，生成镜像实体，如图 3.1.36 所示。

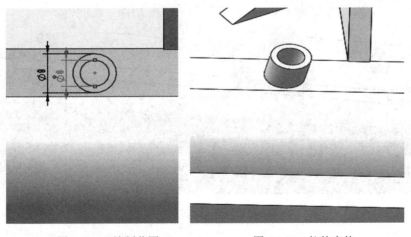

图 3.1.34　绘制草图　　　　　　　　图 3.1.35　拉伸实体

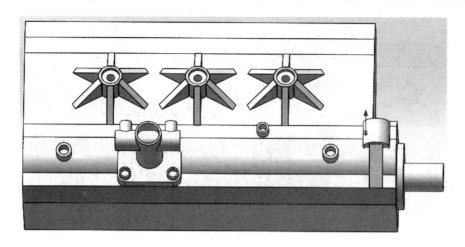

图 3.1.36 镜像实体

(10) 新建基准面，绘制草图如图 3.1.37 所示，然后单击【拉伸凸台/基体】🗔图标，生成拉伸实体，如图 3.1.38 所示；接着单击【镜像】🞮图标，生成镜像实体，如图 3.1.39 所示。

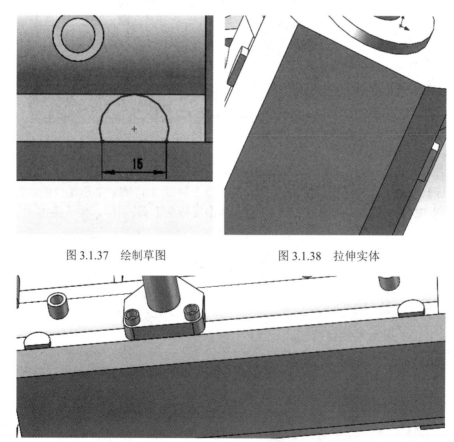

图 3.1.37 绘制草图   图 3.1.38 拉伸实体

图 3.1.39 镜像实体

　　(11) 以实体顶面为基准面，绘制草图，然后进行实体拉伸，如图 3.1.40 所示；再单击【线性阵列】🔢图标，如图 3.1.41 所示，生成线性阵列实体。

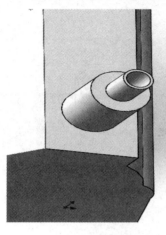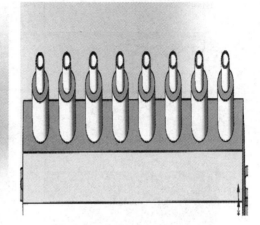

图 3.1.40　拉伸实体　　　　　　　　　图 3.1.41　阵列实体

　　(12) 以侧面为基准面，绘制草图，如图 3.1.42 所示，然后单击【拉伸凸台/基体】🔧图标，生成拉伸实体，如图 3.1.43 所示；单击【线性整列】🔢图标，生成线性阵列实体，如图 3.1.44 所示。

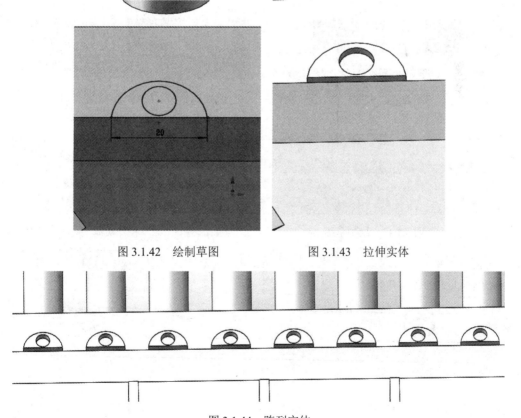

图 3.1.42　绘制草图　　　　　　　　　图 3.1.43　拉伸实体

图 3.1.44　阵列实体

(13) 以侧面为基准面绘制草图，如图 3.1.45 所示，然后单击【拉伸凸台/基体】 图标，生成拉伸实体，如图 3.1.4,6 所示。

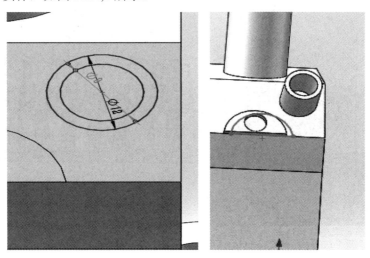

图 3.1.45　绘制草图　　　　　　图 3.1.46　拉伸实体

(14) 以侧面为基准面绘制草图，如图 3.1.47 所示，然后单击【拉伸凸台/基体】 图标，生成拉伸实体，如图 3.1.48 所示；单击【镜像】 图标，生成镜像实体，如图 3.1.49 所示。

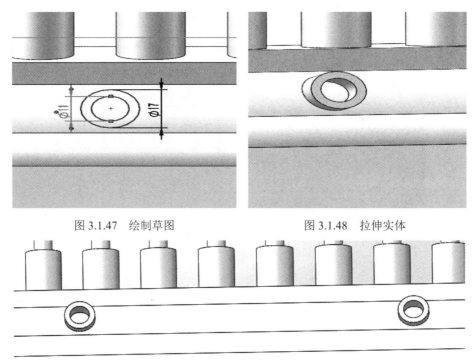

图 3.1.47　绘制草图　　　　　　图 3.1.48　拉伸实体

图 3.1.49　镜像实体

(15) 以顶面为基准面绘制草图，如图 3.1.50 所示，然后单击【拉伸凸台/基体】 图标，生成拉伸实体，如图 3.1.51 所示。

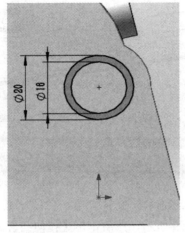
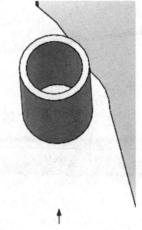

图 3.1.50　绘制草图　　　　　　　　图 3.1.51　拉伸实体

(16) 以顶面为基准面绘制草图，如图 3.1.52 所示，然后单击【拉伸凸台/基体】⬛图标，生成拉伸实体，如图 3.1.53 所示；在拉伸基体的表面绘制草图，然后单击【拉伸切除】⬛图标，生成切除实体，如图 3.1.54 所示。

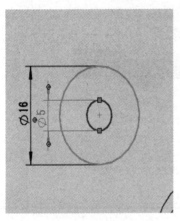

图 3.1.52　绘制草图　　　　图 3.1.53　拉伸实体　　　图 3.1.54　切除实体

(17) 新建基准面分别绘制草图，如图 3.1.55、图 3.1.56 所示；分别单击【拉伸凸台/基体】⬛图标，生成拉伸实体，如图 3.1.57、图 3.1.58 所示。

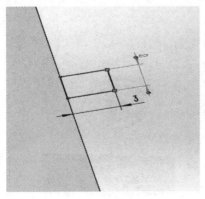

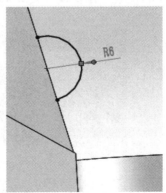

图 3.1.55　绘制草图(1)　　　　　　图 3.1.56　绘制草图(2)

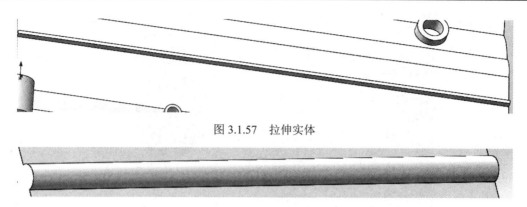

图 3.1.57　拉伸实体

图 3.1.58　泵油泵泵体

(18) 新建基准面，绘制草图，如图 3.1.59 所示，然后单击【拉伸凸台/基体】🗔图标，生成拉伸实体，如图 3.1.60 所示；单击【线性阵列】🔡图标，生成线性阵列实体，完成喷油泵泵体外部特征，如图 3.1.6,1 所示。

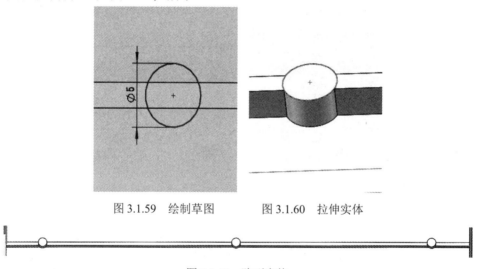

图 3.1.59　绘制草图　　　　　图 3.1.60　拉伸实体

图 3.1.61　阵列实体

(19) 以底面为基准面绘制草图，如图 3.1.62 所示，然后单击【拉伸切除】🗔图标，生成拉伸实体，如图 3.1.63 所示；再单击【线性阵列】🔡图标，如图 3.1.64 所示，生成线性阵列实体。

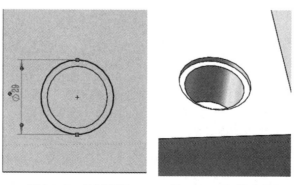

图 3.1.62　绘制草图　　　　　图 3.1.63　切除实体

图 3.1.64　阵列实体

(20) 以底面为基准面绘制草图，如图 3.1.65 所示，然后单击【拉伸凸台/基体】🔩图标，生成拉伸实体，如图 3.1.66 所示；再单击【镜像】🔁图标，生成镜像实体，如图 3.1.67 所示。

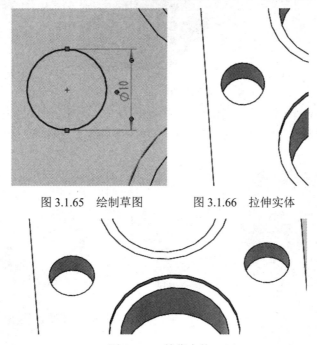

图 3.1.65　绘制草图　　　　　图 3.1.66　拉伸实体

图 3.1.67　镜像实体

(21) 以底平面为基准面绘制草图，如图 3.1.68 所示，然后单击【拉伸凸台/基体】🔩图标，生成拉伸实体，如图 3.1.69 所示；再单击【圆角】🔵图标，生成圆角特征，如图 3.1.70 所示。

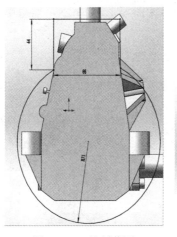

图 3.1.68　绘制草图　　　　　图 3.1.69　拉伸实体

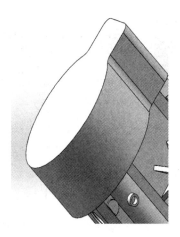

图 3.1.70　生成圆角

　　(22) 以拉伸凸台平面为基准面绘制草图，如图 3.1.71 所示。然后单击【拉伸凸台/基体】图标，生成拉伸基体，如图 3.1.72 所示。再单击【圆角】图标，如图 3.1.73 所示，生成圆角特征。

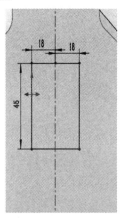
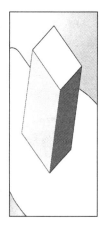
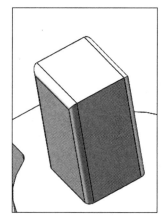

图 3.1.71　绘制草图　　　　图 3.1.72　拉伸实体　　　　图 3.1.73　生成圆角

　　(23) 以拉伸凸台平面为基准面绘制草图，如图 3.1.74 所示。然后单击【拉伸凸台/基体】图标，生成拉伸基体，如图 3.1.75 所示。

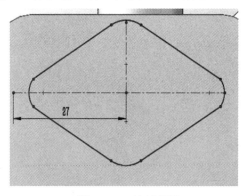
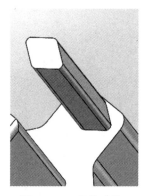

图 3.1.74　绘制草图　　　　　　　　图 3.1.75　拉伸实体

(24) 以拉伸凸台侧面为基准面绘制草图，如图 3.1.76 所示。然后单击【拉伸凸台/基体】图标，生成拉伸基体，如图 3.1.77 所示。单击【圆角】图标，生成圆角特征，如图 3.1.78 所示。

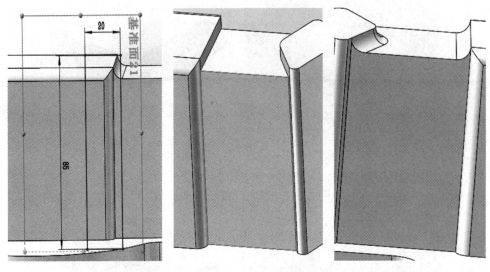

图 3.1.76　绘制草图　　　　图 3.1.77　拉伸实体　　　　图 3.1.78　生成圆角

(25) 以拉伸凸台侧面为基准面绘制草图，如图 3.1.79 所示。然后单击【拉伸拉伸切除】图标，生成切除实体，如图 3.1.80 所示。

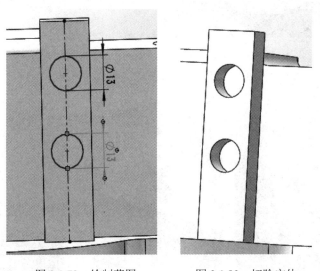

图 3.1.79　绘制草图　　　　图 3.1.80　切除实体

(26) 新建基准面，绘制草图，如图 3.1.81 所示。然后单击【拉伸凸台/基体】图标，生成拉伸实体，如图 3.1.82 所示。以此基准面再次绘制草图，如图 3.1.83 所示。然后单击【拉伸凸台/基体】图标，生成拉伸实体，如图 3.1.84 所示。以此基准面再次绘制草图，如图 3.1.85 所示。然后单击【拉伸凸台/基体】图标，生成拉伸实体，如图 3.1.86 所示。在拉伸实体的平面上绘制草图，然后单击【拉伸切除】图标，生成切除实体，如图 3.1.87 所示。

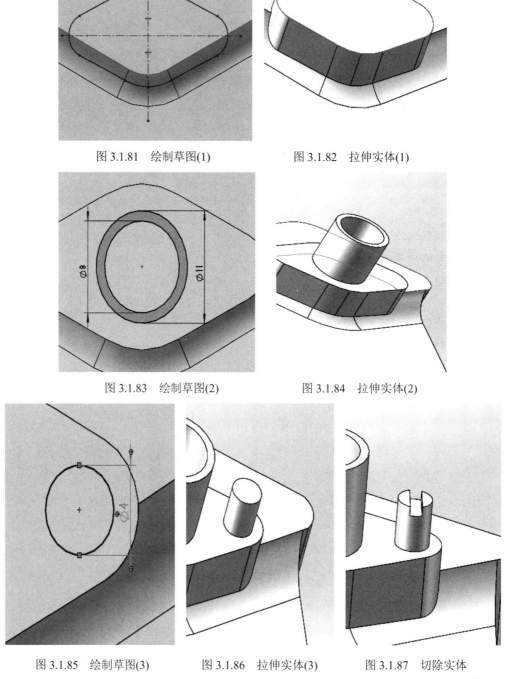

图 3.1.81 绘制草图(1)   图 3.1.82 拉伸实体(1)

图 3.1.83 绘制草图(2)   图 3.1.84 拉伸实体(2)

图 3.1.85 绘制草图(3)   图 3.1.86 拉伸实体(3)   图 3.1.87 切除实体

(27) 新建基准面,绘制草图,如图 3.1.88 所示。然后单击【拉伸凸台/基体】⬜图标,生成拉伸实体,如图 3.1.89 所示。以此基准面再次绘制草图,如图 3.1.90 所示。然后单击【拉伸凸台/基体】⬜图标,生成拉伸实体,如图 3.1.91 所示。

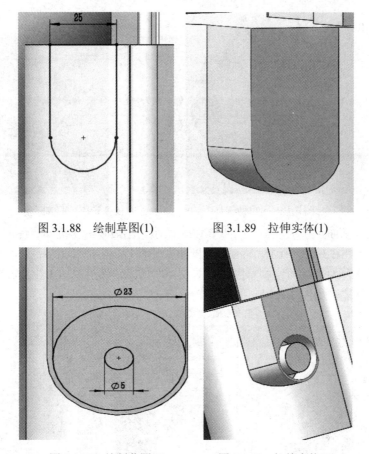

图 3.1.88　绘制草图(1)　　　　　图 3.1.89　拉伸实体(1)

图 3.1.90　绘制草图(2)　　　　　图 3.1.91　拉伸实体(2)

(28) 以拉伸的凸台为基准面绘制草图，如图 3.1.92 所示。然后单击【拉伸凸台/基体】图标，设置参数，如图 3.1.93 所示，生成拉伸基体，如图 3.1.94 所示。再单击【圆角】图标，生成圆角特征，如图 3.1.95 所示。

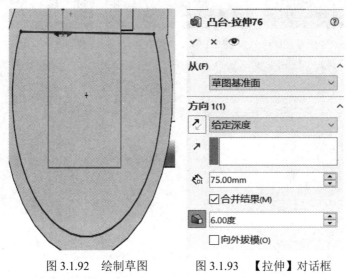

图 3.1.92　绘制草图　　　　　图 3.1.93　【拉伸】对话框

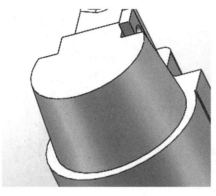 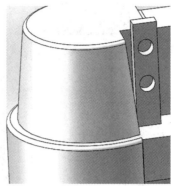

图 3.1.94 拉伸实体   图 3.1.95 生成圆角

(29) 新建基准面，绘制草图，如图 3.1.96 所示。然后单击【拉伸凸台/基体】图标，生成拉伸基体，如图 3.1.97 所示。再单击【圆角】图标，生成圆角特征，如图 3.1.98 所示。

以拉伸的凸台为基准面绘制草图，如图 3.1.99 所示。然后单击【拉伸凸台/基体】图标，生成拉伸基体，如图 3.1.100 所示。

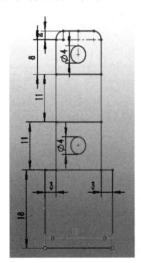 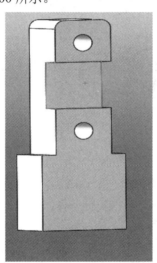 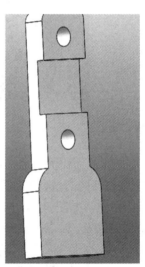

图 3.1.96 绘制草图(1)　　图 3.1.97 拉伸实体(1)　　图 3.1.98 生成圆角(1)

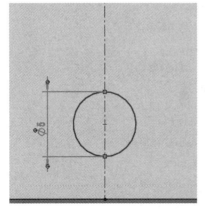 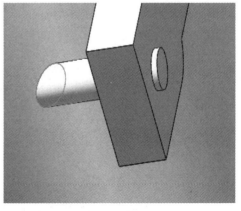

图 3.1.99 绘制草图(2)　　　　　图 3.1.100 拉伸实体(2)

(30) 由于离心式调速器的两个侧面是对称的，因此可直接单击【镜像】图标，生成如图 3.1.101 所示镜像实体。镜像的实体即为离心式调速器，如图 3.1.102 所示。

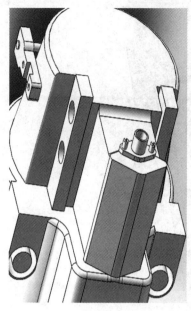
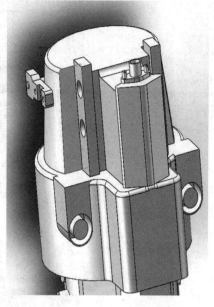

图 3.1.101　镜像实体　　　　　　　图 3.1.102　离心式调速器

至此，喷油泵建模完成，不同侧面的喷油泵如图 3.1.103、图 3.1.104、图 3.1.105 所示。

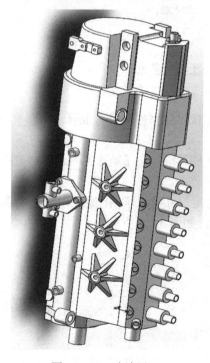
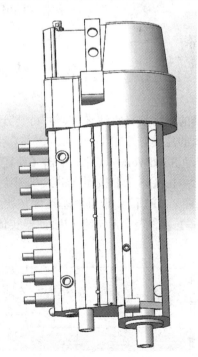

图 3.1.103　喷油泵(1)　　　　　　　图 3.1.104　喷油泵(2)

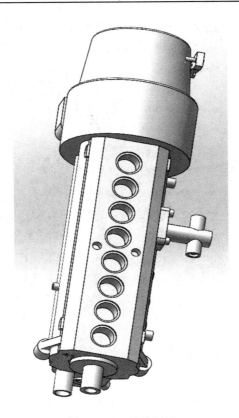

图 3.1.105　喷油泵(3)

3.2　喷油器的建模

喷油器的作用是将燃油雾化,并将其分布在燃烧室内与空气混合。

喷油器的建模方法如下:

(1) 启动 SolidWorks 软件,单击【新建】图标 ,在【新建】对话框中选中【零件】按钮,然后单击【确定】按钮,进入草图绘制界面。

(2) 如图 3.2.1 所示,取前视基准面按照规定尺寸绘制草图,然后选中对称轴,单击【旋转凸台/基体】 图标,旋转生成喷油器实体,如图 3.2.2 所示。

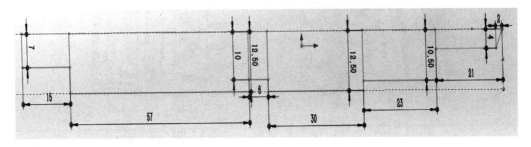

图 3.2.1　绘制草图

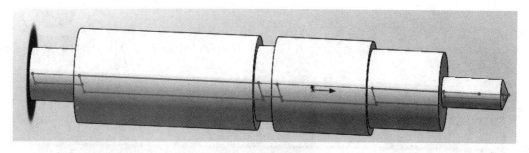

图 3.2.2　旋转实体

(3) 在喷油器体底面建立基准面，绘制草图，如图 3.2.3 所示，然后单击【拉伸切除】🔲图标，切除生成进油口，如图 3.2.4 所示。

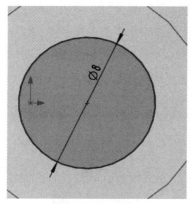

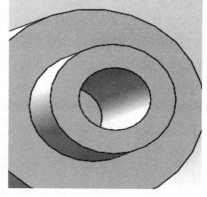

图 3.2.3　绘制草图　　　　　　图 3.2.4　切除实体

(4) 选中喷油器体底部圆柱面，然后单击【螺纹线】🔩图标，生成进油口外部螺纹线特征，如图 3.2.5 所示；单击【圆角】🔵图标，对选中的边线生成圆角特征。生成的进油口外部特征效果图如图 3.2.6 所示。

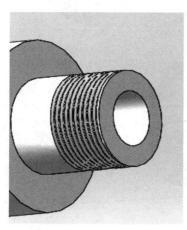

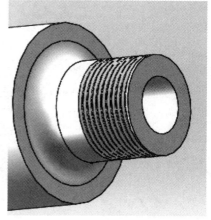

图 3.2.5　生成螺纹线　　　　　　图 3.2.6　生成圆角

(5) 选中喷油器体底面作为基准面绘制草图，如图 3.2.7 所示；单击【拉伸切除】🔲图标，生成切除实体，如图 3.2.8 所示；单击【镜像】🔱图标，生成镜像实体，如图 3.2.9 所示。

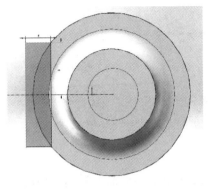 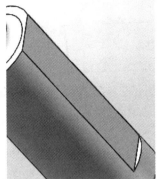 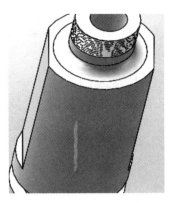

图 3.2.7　绘制草图　　　　　图 3.2.8　切除实体　　　　　图 3.2.9　镜像实体

(6) 选中喷油器体侧面作为基准面绘制草图(1)，如图 3.2.10 所示；单击【拉伸切除】 图标，生成切除实体(1)，如图 3.2.11 所示；在切除的基体表面绘制草图(2)，如图 3.2.12 所示；单击【拉伸切除】 图标，生成切除实体(2)，如图 3.2.13 所示；选中切除基体内表面，单击【螺纹线】 图标，生成螺纹线特征，如图 3.2.14 所示。最后生的喷油器回油口，如图 3.2.15 所示。

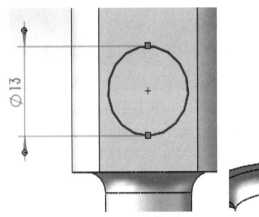  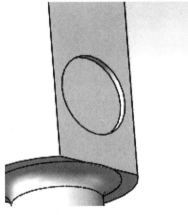

图 3.2.10　绘制草图(1)　　　　　　　　　图 3.2.11　切除实体(1)

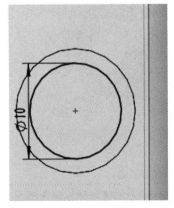 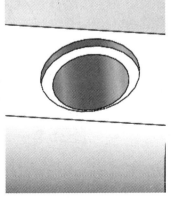 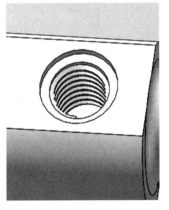

图 3.2.12　绘制草图(2)　　　　图 3.2.13　切除实体(2)　　　　图 3.2.14　生成螺纹线

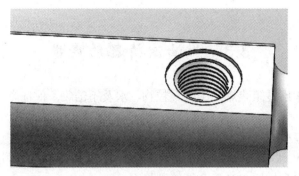

图 3.2.15 喷油器回油口

(7) 选中喷油器顶面作为基准面绘制草图，如图 3.2.16 所示；单击【拉伸切除】⬚图标，生成切除实体，如图 3.2.17 所示；单击【镜像】⣿图标，生成镜像实体，如图 3.2.18所示。

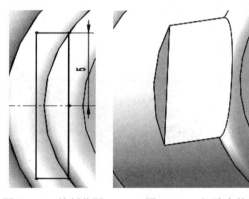

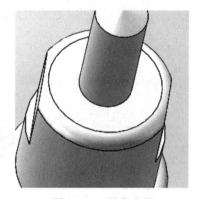

图 3.2.16 绘制草图 　　　　图 3.2.17 切除实体 　　　　　　图 3.2.18 镜像实体

至此，喷油器建模完成，如图 3.2.19 所示。

图 3.2.19 喷油器

3.3　燃油滤清器的建模

　　燃油滤清器的作用是阻止燃油中的颗粒物、水及不洁物，保证燃油系统精密部件免受磨损及其他损害。

　　燃油滤清器的建模方法如下：

　　(1) 启动 SolidWorks 软件，单击【新建】图标，在【新建】对话框选中【零件】按钮，然后单击【确定】按钮，进入草图绘制界面。

　　(2) 如图 3.3.1 所示，取前视基准面按照规定尺寸绘制草图，然后选中对称轴，单击【旋转凸台/基体】图标，旋转生成燃油滤清器外壳，如图 3.3.2 所示。

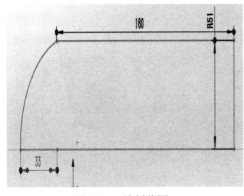

图 3.3.1　绘制草图　　　　　　　　　　图 3.3.2　旋转实体

　　(3) 新建基准面绘制草图(1)，如图 3.3.3 所示；单击【拉伸凸台/基体】图标，生成拉伸实体(1)，如图 3.3.4 所示。以拉伸凸台平面作为基准面绘制草图(2)，如图 3.3.5 所示；单击【拉伸凸台/基体】图标，生成拉伸实体(2)，如图 3.3.6 所示。单击【圆角】图标，对选中的边线生成圆角特征，如图 3.3.7 所示。以拉伸凸台表面作为基准面绘制草图(3)，如图 3.3.8 所示；单击【拉伸切除】图标，生成切除实体(3)，如图 3.3.9 所示。最后生成的放油螺塞如图 3.3.10 所示。

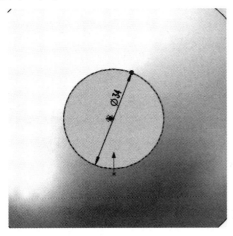

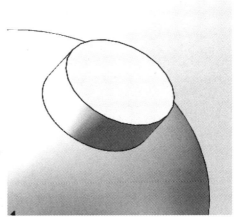

图 3.3.3　绘制草图(1)　　　　　　　　　图 3.3.4　拉伸实体(1)

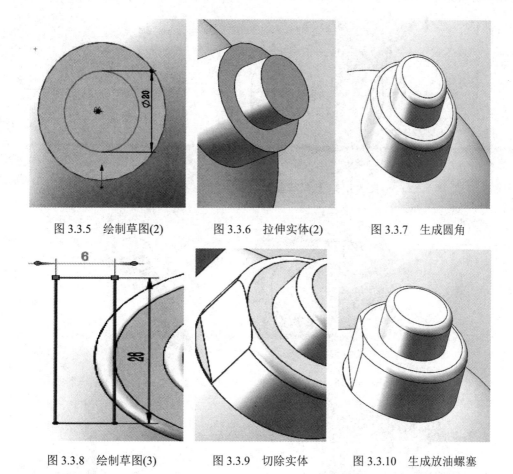

图 3.3.5　绘制草图(2)　　　　　图 3.3.6　拉伸实体(2)　　　　　图 3.3.7　生成圆角

图 3.3.8　绘制草图(3)　　　　　图 3.3.9　切除实体　　　　　图 3.3.10　生成放油螺塞

(4) 新建基准面绘制草图(1)，如图 3.3.11 所示；单击【拉伸凸台/基体】 图标，生成拉伸实体(1)，如图 3.3.12 所示。以拉伸凸台平面为基准面绘制草图(2)，如图 3.3.13 所示；单击【拉伸凸台/基体】 图标，生成拉伸实体(2)，如图 3.3.14 所示。以拉伸凸台表面作为基准面绘制草图(3)，如图 3.3.15 所示；单击【拉伸切除】 图标，生成切除实体(1)，如图 3.3.16 所示。以拉伸凸台侧面作为基准面绘制草图(4)，如图 3.3.17 所示；单击【拉伸凸台/基体】 图标，在拉伸对话框设置拉伸参数(如图 3.3.18 所示)，生成拉伸实体(2)，如图 3.3.19 所示。以拉伸凸台面作为基准面绘制草图(5)，如图 3.3.20 所示；单击【拉伸切除】 图标，生成切除实体(2)，如图 3.3.21 所示。最后生成的放水螺塞如图 3.3.22 所示。

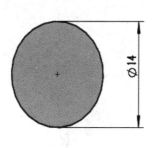

图 3.3.11　绘制草图(1)　　　　　图 3.3.12　拉伸实体(1)

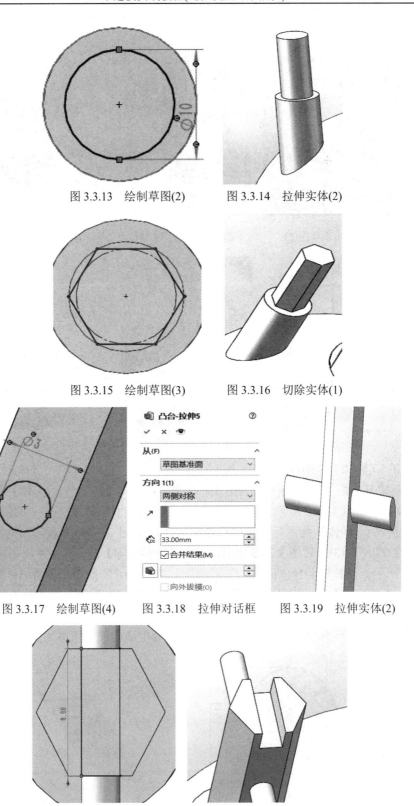

图 3.3.13　绘制草图(2)　　　图 3.3.14　拉伸实体(2)

图 3.3.15　绘制草图(3)　　　图 3.3.16　切除实体(1)

图 3.3.17　绘制草图(4)　　图 3.3.18　拉伸对话框　　图 3.3.19　拉伸实体(2)

图 3.3.20　绘制草图(5)　　　图 3.3.21　切除实体(2)

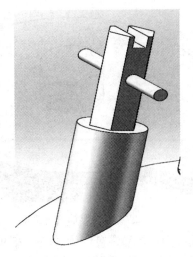

图 3.3.22　放水螺塞

(5) 以燃油滤清器体底面作为基准面绘制草图(1)，如图 3.3.23 所示；单击【拉伸凸台/基体】图标，生成拉伸实体(1)，如图 3.3.24 所示。以拉伸凸台平面作为基准面绘制草图(2)，如图 3.3.25 所示；单击【拉伸凸台/基体】图标，生成拉伸实体(2)，如图 3.3.26 所示。最后生成的燃油滤清器盖如图 3.3.27 所示。

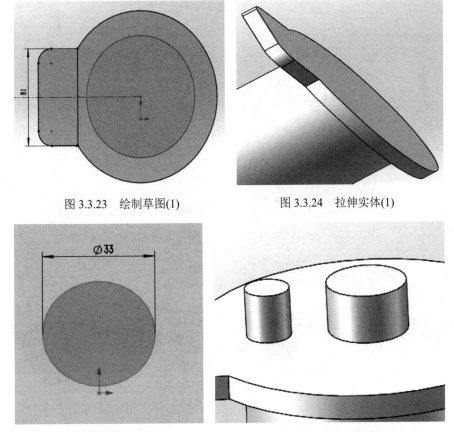

图 3.3.23　绘制草图(1)　　　　　　　　图 3.3.24　拉伸实体(1)

图 3.3.25　绘制草图(2)　　　　　　　　图 3.3.26　拉伸实体(2)

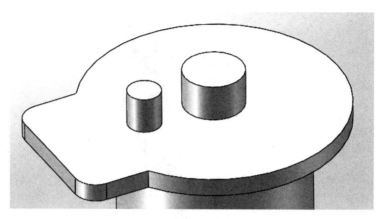

图 3.3.27 生成燃油滤清器盖

(6) 以拉伸凸台面作为基准面绘制草图(1),如图 3.3.28 所示;单击【拉伸切除】⬛图标,生成切除实体,如图 3.3.29 所示。新建基准面绘制草图(2),如图 3.3.30 所示;单击【筋】⬛图标,生成加强筋,如图 3.3.31 所示。新建基准面绘制草图(3),如图 3.3.32 所示;单击【拉伸凸台/基体】⬛图标,生成拉伸实体,如图 3.3.33 所示。新建基准面绘制草图(4),如图 3.3.34 所示;单击【拉伸切除】⬛图标,生成切除实体,如图 3.3.35 所示。单击【螺纹线】⬛图标,生成螺纹线,如图 3.3.36 所示。最后生成的进油口如图 3.3.37 所示。

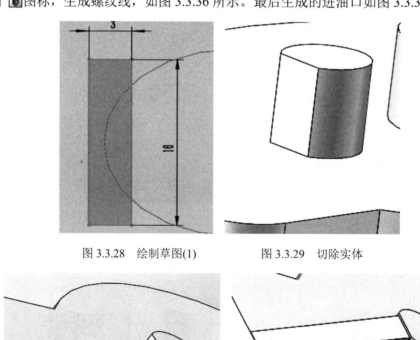

图 3.3.28 绘制草图(1)　　　　图 3.3.29 切除实体

图 3.3.30 绘制草图(2)　　　　图 3.3.31 生成加强筋

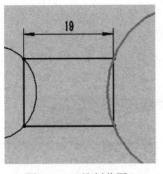

图 3.3.32　绘制草图(3)

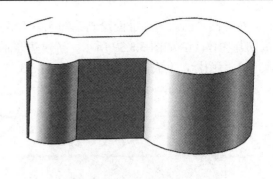

图 3.3.33　拉伸实体

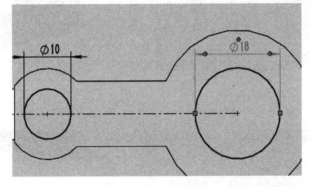

图 3.3.34　绘制草图(4)

图 3.3.35　切除实体

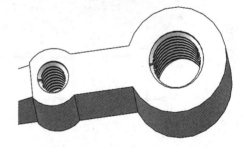

图 3.3.36　生成螺纹线

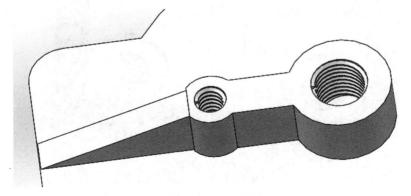

图 3.3.37　生成进油口

(7) 以拉伸凸台面作为基准面绘制草图(1)，如图 3.3.38 所示；单击【拉伸切除】 图标，生成切除实体(1)，如图 3.3.39 所示。新建基准面绘制草图(2)，如图 3.3.40 所示；单击【拉伸切除】 图标，生成切除实体(2)，如图 3.3.41 所示。单击【镜像】 图标，生成镜像实体，如图 3.3.42 所示。最后生成的燃油滤清器盖固定螺栓孔如图 3.3.43 所示。

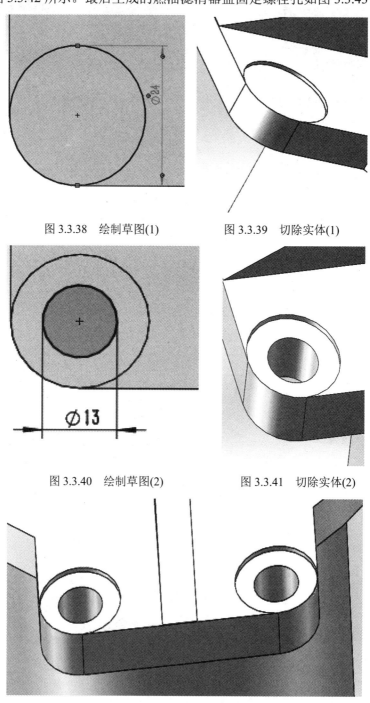

图 3.3.38　绘制草图(1)　　　　图 3.3.39　切除实体(1)

图 3.3.40　绘制草图(2)　　　　图 3.3.41　切除实体(2)

图 3.3.42　镜像实体

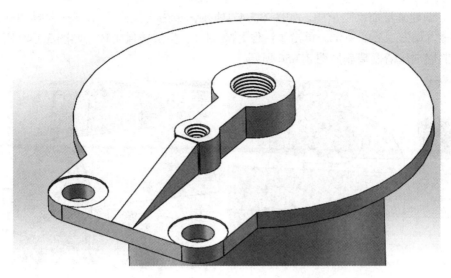

图 3.3.43　燃油滤清器盖固定螺栓孔

(12) 新建基准面绘制草图，如图 3.3.44 所示；单击【拉伸凸台/基体】🔲图标，生成拉伸实体，如图 3.3.45 所示。最后生成的进油口接头如图 3.3.46 所示。

| 图 3.3.44　绘制草图 | 图 3.3.45　拉伸实体 |

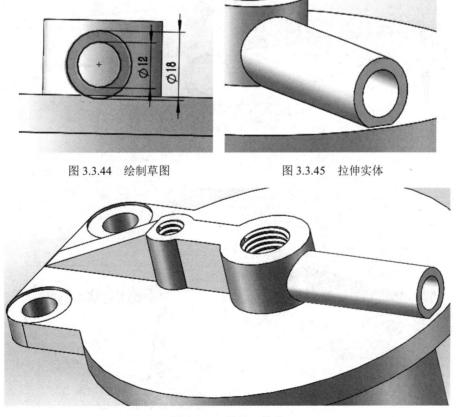

图 3.3.46　进油口接头

(13) 新建基准面绘制草图，如图 3.3.47 所示；单击【拉伸凸台/基体】🗔图标，生成拉伸实体，如图 3.3.48 所示。单击【镜像】🏳图标，生成镜像实体，如图 3.3.49 所示。最后生成的燃油滤清器端盖如图 3.3.50 所示。

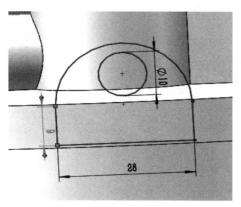

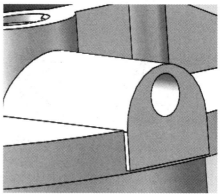

图 3.3.47　绘制草图　　　　　　　　　　图 3.3.48　拉伸实体

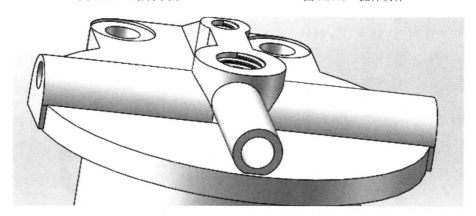

图 3.3.49　镜像实体

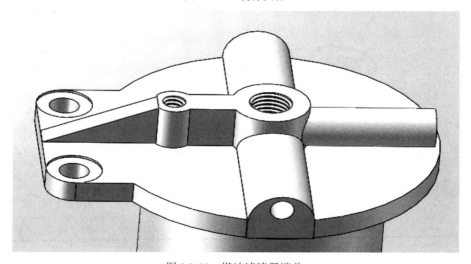

图 3.3.50　燃油滤清器端盖

至此，燃油滤清器建模完成，最后的效果图如图 3.3.51 所示。

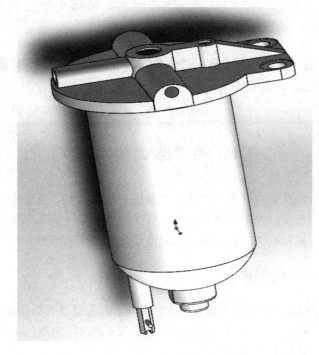

图 3.3.51　燃油滤清器

第4章 润滑、冷却系统的三维建模

4.1 润滑系统的建模

润滑系统的功用是在柴油机工作时连续不断地把数量足够、温度适当的洁净机油输送到全部传动件的摩擦表面，并在摩擦表面之间形成油膜，实现液体摩擦，从而减小摩擦阻力，降低功率消耗，减轻机件磨损，以达到提高柴油机工作可靠性和耐久性的目的。

4.1.1 齿轮式机油泵的建模

机油泵是用来使机油压力升高和保证一定的油量，向各摩擦表面强制供油的部件。齿轮式机油泵结构简单、加工方便、工作可靠、使用寿命长、泵油压力高，从而得到了广泛应用。

齿轮式机油泵的建模方法如下：

1. 壳体的建模

(1) 启动 SolidWorks 软件，单击【新建】图标，在【新建】对话框中选中【零件】按钮，然后单击【确定】按钮，进入草图绘制界面。

(2) 如图 4.1.1 所示，取前视基准面按照规定尺寸绘制草图，如图 4.1.2 所示；单击【拉伸凸台/基体】图标，经过拉伸生成壳体轮廓的前半部分。

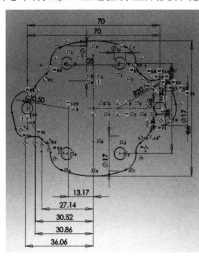

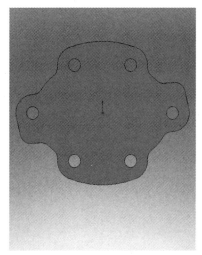

图 4.1.1　绘制草图　　　　　　　　　图 4.1.2　拉伸实体

(3) 如图 4.1.3 所示，取上一步生成的实体的背面作为基准面绘制草图，单击【拉伸凸台/基体】图标，经过拉伸生成壳体轮廓的后半部分，如图 4.1.4 所示。

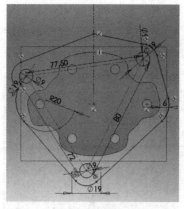
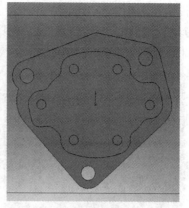

图 4.1.3　绘制草图　　　　　　　图 4.1.4　拉伸实体

（4）建立基准面 1，设定参数为距离上视基准面 63 mm。如图 4.1.5 所示，以基准面 1 为基准面绘制草图；如图 4.1.6 所示，在拉伸的参数设定里选择"成形到一面"；单击【拉伸凸台/基体】图标，经过拉伸生成壳体轮廓的上部分，如图 4.1.7 所示。

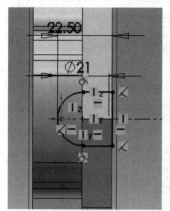

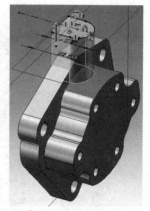

图 4.1.5　绘制草图　　　图 4.1.6　拉伸对话框　　　图 4.1.7　拉伸实体

（5）如图 4.1.8 所示，选择壳体轮廓线绘制草图；单击【圆角】图标，在壳体轮廓恰当之处添加圆角，如图 4.1.9 所示。

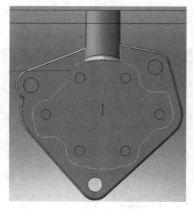
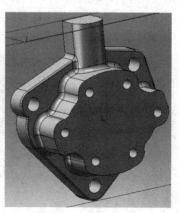

图 4.1.8　绘制草图　　　　　　　图 4.1.9　添加圆角

(6) 以机油泵顶端作为基准面绘制内圆直径为 17 mm 的正六边形，然后单击【拉伸凸台/基体】图标 ，经过拉伸形成螺母，如图 4.1.10 所示。取右视基准面绘制草图，单击【旋转切除】图标 ，切割出螺母的圆角，如图4.1.11 所示。

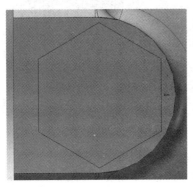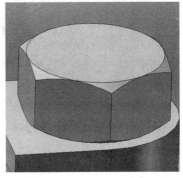

图 4.1.10　绘制草图　　　　　　图 4.1.11　切割出螺母的圆角

(7) 采用以上两步的方法在螺母上方再绘制出相同的螺母，如图 4.1.12 所示；取右视基准面绘制草图，单击【旋转凸台/基体】图标 ，旋转生成螺母上部分，如图 4.1.13 所示。

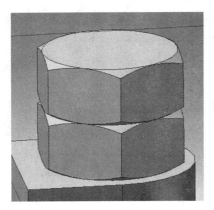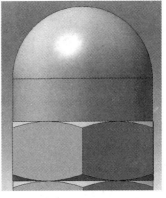

图 4.1.12　绘制草图　　　　　　图 4.1.13　旋转实体

(8) 如图 4.1.14 所示，取壳体前平面作为基准面绘制草图；单击【拉伸切除】图标 ，生成齿轮腔，如图 4.1.15 所示；取壳体前基准面绘制草图，单击【拉伸切除】图标 ，生成进出油口和齿轮座孔，如图 4.1.16 所示。

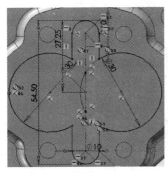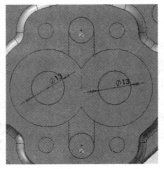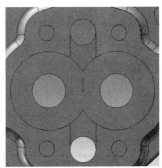

图 4.1.14　绘制草图　　　　图 4.1.15　齿轮腔　　　　图 4.1.16　拉伸实体

(9) 如图 4.1.17 所示，取壳体前基准面绘制草图；单击【拉伸凸台/基体】图标，经过拉伸生成壳体定位销；选择定位销和齿轮腔的边缘，单击【倒角】图标，生成 0.5 mm 的倒角，如图 4.1.18 所示。

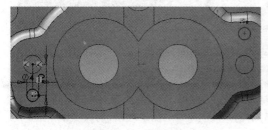

　　图 4.1.17　绘制草图　　　　　　　　　　　　　图 4.1.18　生成倒角

2. 端盖的建模

(1) 如图 4.1.19 所示，取前视基准面，按照规定尺寸绘制草图；在参数设置里设定拔模角度为 "5.00 deg"，如图 4.1.20 所示；单击【拉伸凸台/基体】图标，经过拉伸生成端盖的前半部分，如图 4.1.21 所示。

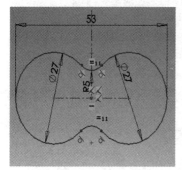

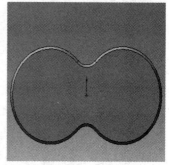

　图 4.1.19　绘制端盖草图　　　　图 4.1.20　拉伸对话框　　　　图 4.1.21　拉伸实体

(2) 如图 4.1.22 所示，取上一步生成的实体的背面作为基准面绘制草图；单击【拉伸凸台/基体】图标，经过拉伸生成壳体轮廓的后半部分，如图 4.1.23 所示。

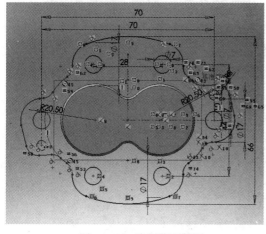
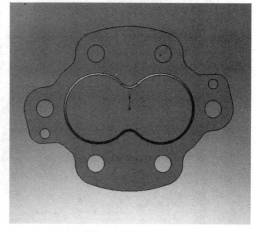

　　图 4.1.22　绘制背面草图　　　　　　　　　　　图 4.1.23　拉伸实体

(3) 如图 4.1.24 所示，取端盖前平面作为基准面绘制草图；单击【拉伸切除】图标，切除 1 mm，如图 4.1.25 所示；再选中切除生成的平面，选中"插入—特征—圆顶"，生成 1 mm 厚的圆顶，如图 4.1.26 所示。

图 4.1.24　绘制草图　　　　图 4.1.25　切除对话框　　　　图 4.1.26　切除实体

(4) 如图 4.1.27 所示，取端盖后平面作为基准面绘制草图；单击【拉伸切除】图标，切除 13 mm，生成齿轮座孔，如图 4.1.28 所示。

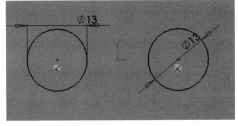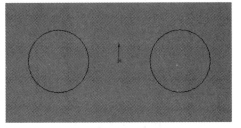

图 4.1.27　绘制草图　　　　　　　　　　图 4.1.28　切除实体

(5) 如图 4.1.29 所示，取端盖后平面作为基准面绘制草图；单击【拉伸切除】图标，切除 1 mm，生成泄压槽，如图 4.1.30 所示。

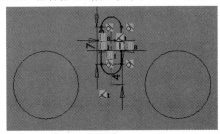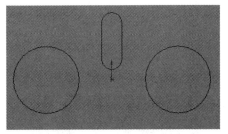

图 4.1.29　绘制草图　　　　　　　　　　图 4.1.30　切除实体

(6) 如图 4.1.31 所示，选择端盖轮廓线设置圆角，单击【圆角】图标，在壳体轮廓恰当之处添加圆角，如图 4.1.32 所示。

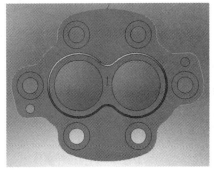

图 4.1.31　设置圆角　　　　　　　　　　图 4.1.32　生成圆角

3. 主动齿轮的建模

(1) 如图 4.1.33 所示，取右视基准面绘制直径为 30 mm 的圆；单击【拉伸凸台/基体】图标 ，经过拉伸生成齿轮原型。如图 4.1.34 所示，选中圆柱体边缘设置倒角；单击【倒角】图标 ，生成宽度为 1 mm、角度为 30° 的倒角，如图 4.1.35 所示。

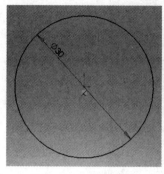 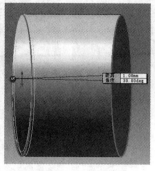 

图 4.1.33　绘制草图　　　　　图 4.1.34　设置倒角　　　　　图 4.1.35　生成倒角

(2) 如图 4.1.36 所示，取右视基准面绘制草图；单击【拉伸切除】图标 ，生成齿轮的一个齿槽，如图 4.1.37 所示。

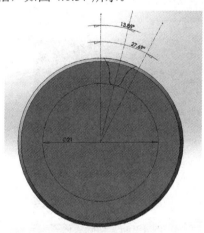 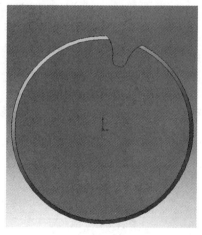

图 4.1.36　绘制草图　　　　　　　　　　图 4.1.37　切除实体

(3) 如图 4.1.38、图 4.1.39 所示，单击【圆周阵列】图标 ，取圆柱体中心轴为基准轴，以前一步切除生成的齿槽为阵列特征，阵列出 13 个齿槽，如图 4.1.40 所示。

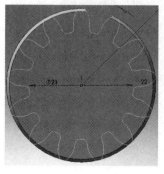  

图 4.1.38　设置阵列　　　　图 4.1.39　阵列对话框　　　　图 4.1.40　阵列实体

(4) 如图 4.1.41 所示, 取上视基准面绘制草图; 单击【旋转凸台/基体】图标🐝, 旋转生成齿轮轴, 如图 4.1.42 所示。

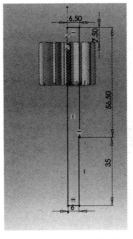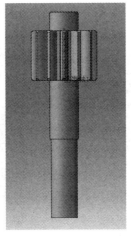

图 4.1.41　绘制草图　　　图 4.1.42　旋转实体

(5) 如图 4.1.43 所示, 取齿轮轴的一端面作为基准面绘制草图; 单击【拉伸切除】图标📦, 生成齿轮轴固定槽, 如图 4.1.44 所示。

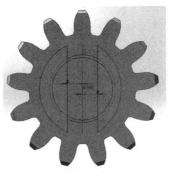

图 4.1.43　绘制草图　　　图 4.1.44　切除实体

4. 从动齿轮的建模

(1) 按照主动齿轮建模的步骤(2)~(5)创建同样的齿轮, 如图 4.1.45、图 4.1.46 所示。

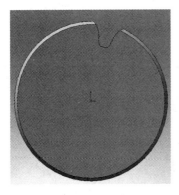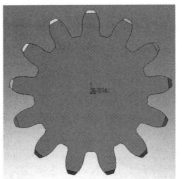

图 4.1.45　切除实体　　　图 4.1.46　阵列实体

(2) 如图 4.1.47 所示，取上视基准面绘制草图；单击【旋转凸台/基体】图标🐾，旋转
生成齿轮轴，如图 4.1.48 所示。

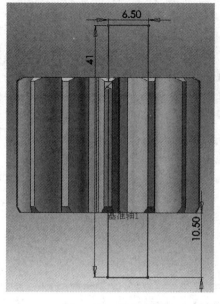 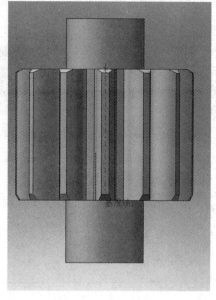

图 4.1.47   绘制草图   图 4.1.48   旋转实体

(3) 如图 4.1.49 所示，选择齿轮轴两端边缘设置倒角；单击【倒角】图标◈，生成 0.5
mm 的倒角，如图 4.1.50 所示。

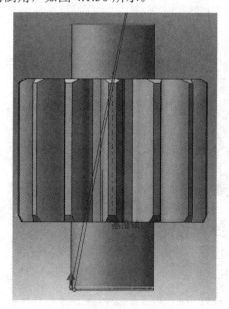 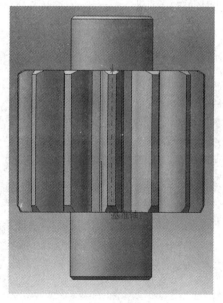

图 4.1.49   设置倒角   图 4.1.50   生成倒角

5. 齿轮式机油泵的装配

(1) 单击【新建】图标🗋，在【新建】对话框中选中【装配体】按钮，然后单击【确
定】按钮，如图 4.1.51 所示。

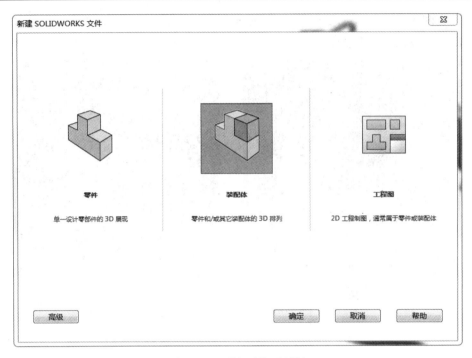

图 4.1.51　【新建】对话框

(2) 单击【插入】→【零部件】，选择壳体和主动齿轮，如图 4.1.52 所示；单击【配合】图标✎，使主动齿轮轴与壳体主动齿轮轴座孔同轴心，齿轮侧面与壳体齿轮腔底部重合，如图 4.1.53 所示。

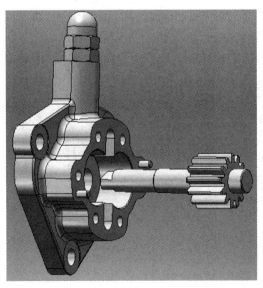

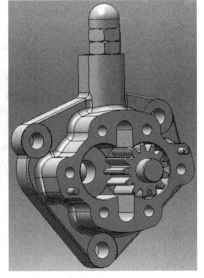

图 4.1.52　插入壳体和主动齿轮　　　　　　图 4.1.53　配合

(3) 单击【插入】→【零部件】，选择从动齿轮，如图 4.1.54 所示；单击【配合】图标✎，使从动齿轮轴与壳体从动齿轮轴座孔同轴心，齿轮侧面与壳体齿轮腔底部重合；调整齿轮位置，使之与主动齿轮啮合，如图 4.1.55 所示。

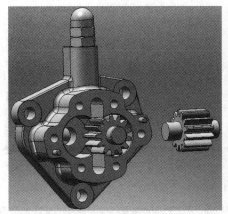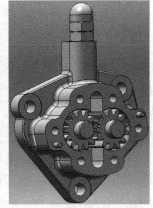

図 4.1.54　插入从动齿轮　　　　　　　　图 4.1.55　配合

(4) 单击【插入】→【零部件】，选择端盖，如图 4.1.56 所示；单击【配合】图标🔗，使端盖后表面与壳体前表面重合，壳体上的定位销与端盖定位销孔同轴心，如图 4.1.57 所示。

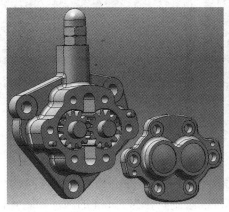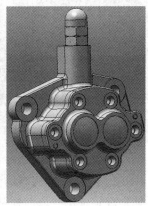

图 4.1.56　插入端盖　　　　　　　　图 4.1.57　配合

(5) 单击【插入】→【零部件】，选择螺栓及垫片，如图 4.1.58 所示；单击【配合】图标🔗，使螺栓与螺栓孔同轴心，垫片下表面与端盖垫片圆槽表面重合，螺栓上表面与螺栓头部下表面重合，如图 4.1.59 所示。

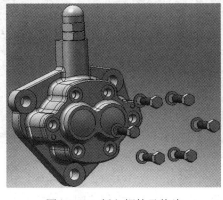

图 4.1.58　插入螺栓及垫片　　　　　　　　图 4.1.59　配合

至此，齿轮式机油泵建模完成。

4.1.2　转子式机油泵的建模

转子式机油泵的转子形体复杂，多用粉末冶金压制而成。这种泵具有与齿轮泵同样的优点，但结构紧凑、体积小。

转子式机油泵的建模方法如下：

1. 壳体的建模

(1) 如图 4.1.60 所示，取前视基准面按照规定尺寸绘制草图；单击【拉伸凸台/基体】图标，经过拉伸生成壳体主体，如图 4.1.61 所示。

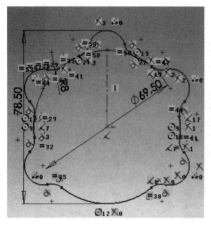

图 4.1.60　绘制草图　　　　　　　　图 4.1.61　拉伸实体

(2) 如图 4.1.62 所示，取前视基准面绘制直径为 5 mm 的圆；单击【拉伸凸台/基体】图标，经过拉伸生成定位销；取前视基准面绘制直径为 5 mm 的圆，如图 4.1.63 所示；单击【拉伸切除】图标，经过拉伸生成定位销座孔。

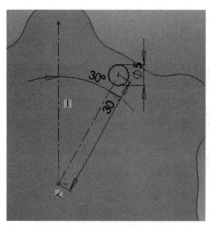
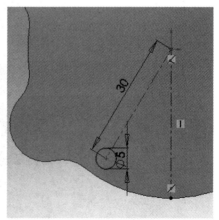

图 4.1.62　绘制草图　　　　　　　　图 4.1.63　拉伸实体

(3) 如图 4.1.64 所示，取前视基准面按照规定尺寸绘制草图；再建立与闭环曲线垂直的基准面 1，如图 4.1.65 所示。

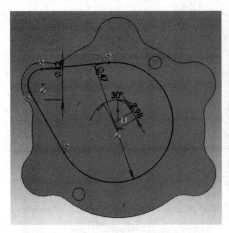
图 4.1.64　绘制草图

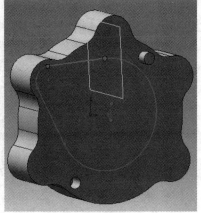
图 4.1.65　建立基准面 1

(4) 如图 4.1.66 所示，取基准面 1 绘制直径为 1 mm 的圆；单击"插入—切除—扫描"，轮廓选中该小圆，路径选中闭环曲线，扫描切除生成机油泵密封圈槽，如图 4.1.67 所示。

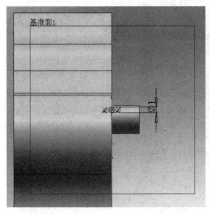
图 4.1.66　选择基准面绘制圆

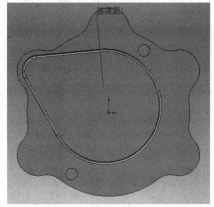
图 4.1.67　切除实体

(5) 如图 4.1.68 所示，取前视基准面绘制直径为 41 mm 的圆；单击【拉伸切除】图标，经过拉伸切除生成外壳的腔体；取前视基准面按照规定尺寸绘制草图，如图 4.1.69 所示；单击【拉伸切除】图标，经过拉伸切除生成进出油孔及螺栓固定孔，如图 4.1.70 所示。

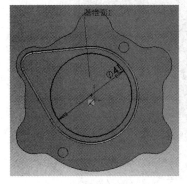
图 4.1.68　绘制草图(1)

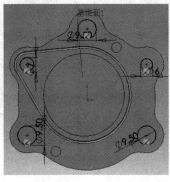
图 4.1.69　绘制草图(2)

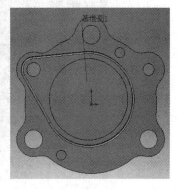
图 4.1.70　切除实体

(6) 如图 4.1.71 所示，选择定位销及腔体边缘设置倒角，单击【倒角】图标 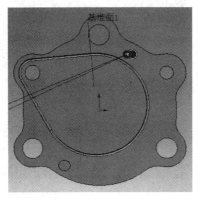，生成 0.5 mm 的倒角，如图 4.1.72 所示。

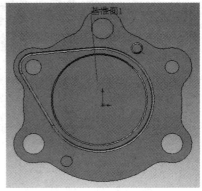

　　　图 4.1.71　设置倒角　　　　　　　　　图 4.1.72　生成倒角

(7) 如图 4.1.73 所示，取前视基准面绘制直径为 13 mm 的圆；单击【拉伸切除】图标 ，经过拉伸切除生成内转子轴孔，如图 4.1.74 所示。

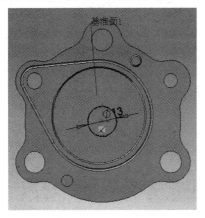
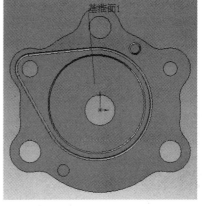

　　　图 4.1.73　绘制草图　　　　　　　　　图 4.1.74　切除实体

(8) 如图 4.1.75 所示，取背面为基准面，按照规定尺寸绘制草图；单击【拉伸凸台/基体】图标 ，经过拉伸生成机油泵定位底座，如图 4.1.76 所示。

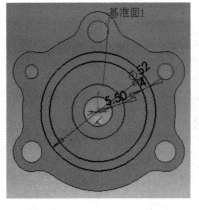
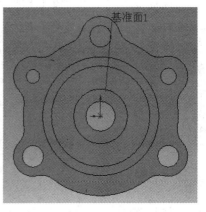

　　　图 4.1.75　绘制草图　　　　　　　　　图 4.1.76　拉伸实体

2. 端盖的建模

(1) 如图 4.1.77 所示，取前视基准面，按照规定尺寸绘制草图；单击【拉伸凸台/基体】图标，经过拉伸生成端盖主体，如图 4.1.78 所示。

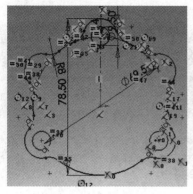

图 4.1.77　绘制草图　　　　　图 4.1.78　拉伸实体

(2) 如图 4.1.79 所示，距离前视基准面 8 mm 建立基准面 1；取基准面 1 按照规定尺寸绘制草图，如图 4.1.80 所示；单击【拉伸切除】图标，在参数设置中设定向外拔模 20°；单击【确认】按钮，拉伸切除生成端盖台阶，如图 4.1.81 所示。

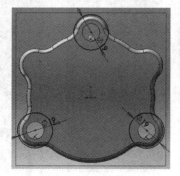
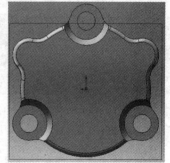

图 4.1.79　建立基准面　　　图 4.1.80　绘制草图　　　　图 4.1.81　切除实体

(3) 如图 4.1.82 所示，取前视基准面，按照规定尺寸绘制对称的直径为 5 mm 的圆；单击【拉伸切除】图标，经过拉伸切除生成定位销孔，如图 4.1.83 所示；在右下方的定位销空白处以背面为基准面绘制直径为 5 mm 的圆；单击【拉伸凸台/基体】图标，即生成定位销，如图 4.1.84 所示。

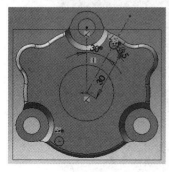
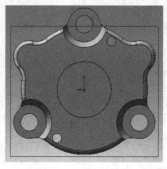
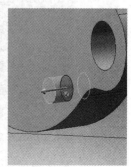

图 4.1.82　绘制草图　　　　　图 4.1.83　切除实体　　　　　图 4.1.84　拉伸实体

(4) 如图 4.1.85 所示，取背面作为基准面，绘制对称的直径为 13 mm 的圆；单击【拉伸切除】图标 ，经过拉伸切除生成内转子轴座孔，如图 4.1.86 所示；取背面作为基准面，按照规定尺寸绘制草图；单击【拉伸切除】图标 ，经过拉伸切除生成进出油路，如图 4.1.87 所示。

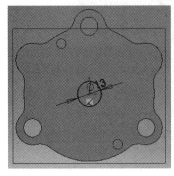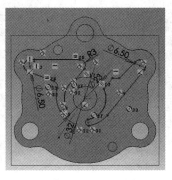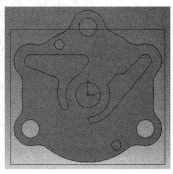

图 4.1.85　绘制草图(1)　　　　图 4.1.86　绘制草图(2)　　　　图 4.1.87　切除实体

(5) 按照壳体的建模中(5)、(6)步的方法绘制草图，如图 4.1.88、图 4.1.89 所示。经过拉伸切除，生成机油泵密封圈槽，如图 4.1.90 所示。

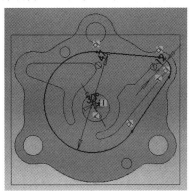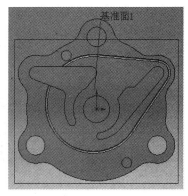

图 4.1.88　绘制草图(1)　　　　图 4.1.89　绘制草图(2)　　　　图 4.1.90　切除实体

3. 外转子的建模

(1) 如图 4.1.91 所示，取前视基准面，按照规定尺寸绘制草图；单击【拉伸凸台/基体】图标 ，经过拉伸生成外转子主体，如图 4.1.92 所示。

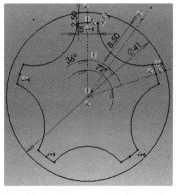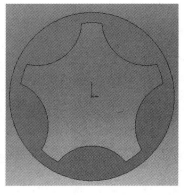

图 4.1.91　绘制草图　　　　　　图 4.1.92　拉伸实体

(2) 如图 4.1.93 所示，选中外转子边缘设置倒角；单击【倒角】图标⬡，生成宽度为 0.5 mm 的倒角，如图 4.1.94 所示。

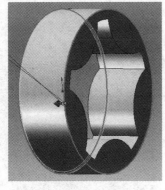

图 4.1.93   设置倒角   图 4.1.94   生成倒角

4．内转子的建模

(1) 如图 4.1.95 所示，取前视基准面，按照规定尺寸绘制草图；单击【拉伸凸台/基体】图标🔲，经过拉伸生成内转子主体，如图 4.1.96 所示。

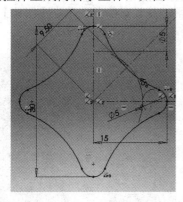
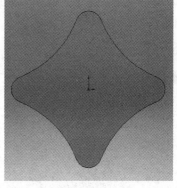

图 4.1.95   绘制草图   图 4.1.96   拉伸实体

(2) 如图 4.1.97 所示，取上视基准面，按照规定尺寸绘制草图；单击【旋转凸台/基体】图标🌀，经过旋转生成内转子轴，如图 4.1.98 所示。

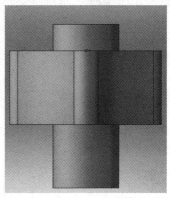

图 4.1.97   绘制草图   图 4.1.98   旋转实体

(3) 如图 4.1.99 所示，取内转子轴的一端面作为基准面绘制草图；单击【拉伸切除】图标 ，经过拉伸切除生成内转子轴固定槽，如图 4.1.100 所示。

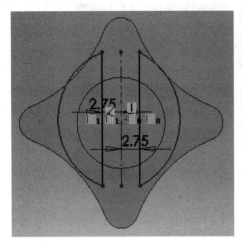

　　　　图 4.1.99　绘制草图　　　　　　　　　　　图 4.1.100　切除实体

(4) 如图 4.1.101 所示，选中内转子轴两端边缘设置倒角；单击【倒角】图标 ，即生成 0.5 mm 的倒角，如图 4.1.102 所示。

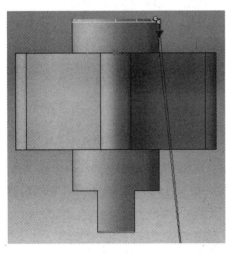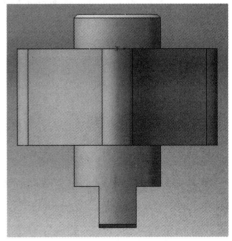

　　　　图 4.1.101　设置倒角　　　　　　　　　　图 4.1.102　生成倒角

至此，转子式机油泵的建模完成。

4.1.3　机油滤清器的建模

机油滤清器用于去除机油中的灰尘、金属颗粒、碳沉淀物和煤烟颗粒等杂质。

机油滤清器的建模方法如下：

1. 机滤壳体的建模

(1) 启动 SolidWorks 软件，单击【新建】图标 ，在【新建】对话框中选中【零件】按钮，然后单击【确定】按钮，进入草图绘制界面。

(2) 取前视基准面，按照规定尺寸绘制草图，如图 4.1.103 所示；单击【拉伸凸台/基体】图标 🔳，经过拉伸生成壳体轮廓部分，如图 4.1.104 所示。

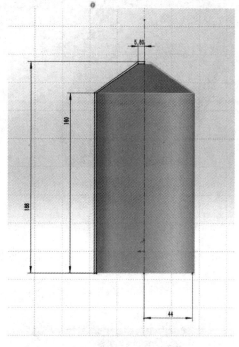

图 4.1.103　绘制草图

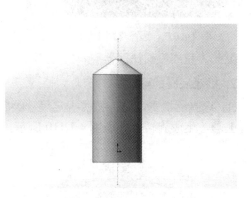

图 4.1.104　旋转生成机滤主体部分

(3) 单击【圆角】图标 🔲，如图 4.1.105 所示，半径输入 20.00 mm；选中如图 4.1.106 所示边线，即生成圆角。

图 4.1.105　圆角对话框

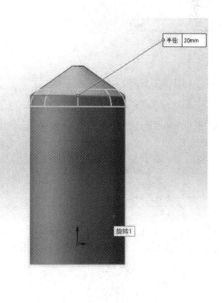

图 4.1.106　设置圆角

(4) 选择壳体顶部平面绘制草图，如图 4.1.107 所示，绘制小圆；单击【拉伸切除】🔳，形成小孔，如图 4.1.108 所示。

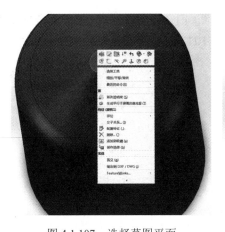

图 4.1.107 选择草图平面

图 4.1.108 拉伸实体

至此，完成机油滤清器壳体的建模。

2. 机滤底座的建模

(1) 选择前视基准面，按照规定尺寸绘制草图，如图 4.1.109 所示；单击【旋转凸台/基体】，生成旋转体，如图 4.1.110 所示。

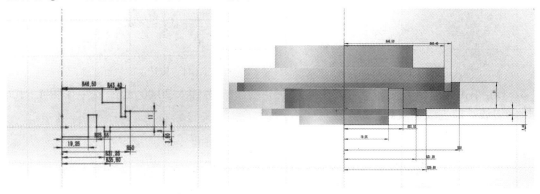

图 4.1.109 绘制草图   图 4.1.110 旋转实体

(2) 选择上一步生成旋转体的底面作为基准面绘制草图，如图 4.1.111 所示；单击【拉伸切除】图标，形成需要的几何特征，如图 4.1.112 所示。

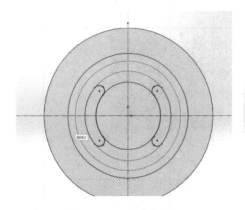

图 4.1.111 绘制草图

图 4.1.112 切除实体

3. 机油滤清器装配体的建模

(1) 单击【新建】图标，选择装配体，在【新建】对话框中选中【装配体】按钮，然后单击【确定】按钮；或直接双击装配体，单击【插入零部件】图标，浏览选择所要插入的零件，如图 4.1.113 所示；单击选择零件，再次单击即可导入装配零件，如图 4.1.114 所示。

图 4.1.113　选择装配零件

图 4.1.114　导入装配零件

(2) 单击【配合】图标，选择图 4.1.115 所示两圆柱面，再单击【同轴心配合】图标；接着再选择要配合的面，单击【重合】图标，如图 4.1.116 所示。

图 4.1.115　同轴心配合　　　　　　　　图 4.1.116　重合配合

(3) 插入螺栓零件。单击右侧【设计库】图标，选择 Toolbox GB bolts and studs 六角头螺栓 中合适的六角头零件，在左侧设置参数。采用上一步的方法进行配合即可，如图 4.1.117 所示。

图 4.1.117　插入螺栓　　　　　　　　图 4.1.118　机油滤清器

至此，机油滤清器模型建立完成，如图 4.1.118 所示。

4.2　冷却系统的建模

冷却系统的功用是带走柴油机因燃烧所产生的热量，使柴油机维持在正常的运转温度范围内。柴油机的冷却方式可分为风冷式和水冷式。风冷式柴油机是靠柴油机带动风扇吹(或吸)风来冷却柴油机；水冷式柴油机则是靠冷却水在柴油机中循环来冷却柴油机。

4.2.1　冷却风扇的建模

冷却风扇是冷却系统的重要组成部分，风扇的性能直接影响着内燃机的散热效果，进而影响内燃机的性能。若风扇选择不当，则会导致内燃机冷却不足或冷却过度，而造成内燃机工作环境的恶化，进而影响内燃机的性能和使用寿命。

冷却风扇的建模方法如下：

1. 风扇零件 1 的建模

(1) 如图 4.2.1 所示，取前视基准面，按照规定尺寸绘制草图；单击【旋转凸台/基体】图标，经过旋转形成圆柱实体，如图 4.2.2 所示。

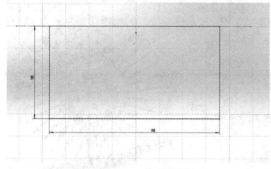

图 4.2.1　绘制草图

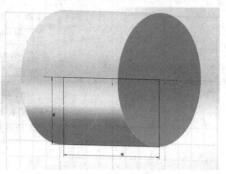

图 4.2.2　旋转实体

(2) 单击【圆角】图标，如图 4.2.3 所示，半径输入"40.00 mm"；选择如图 4.2.4 所示边线，即生成圆角。

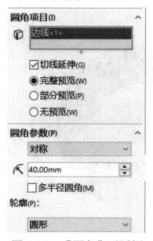

图 4.2.3　【圆角】对话框

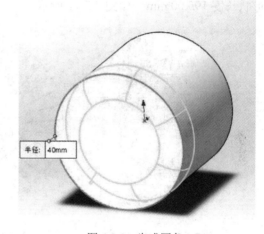

图 4.2.4　生成圆角

(3) 选择上视基准面，绘制直线草图，如图 4.2.5 所示；单击【拉伸凸台/基体】图标，选择"给定深度"，参设设定中输入"230.00 mm"，生成单个叶片，如图 4.2.6 所示。

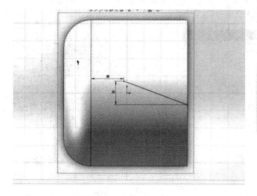

图 4.2.5　绘制草图

图 4.2.6　拉伸实体

(4) 单击【线性阵列】图标，选择【圆周阵列】图标，选择上一步拉伸的叶片作为要阵列的特征，在左侧设置阵列数为 34，选择风扇轴心线为阵列轴，如图 4.2.7、图 4.2.8 所示。陈列生成后的叶片组如图 4.2.9 所示。

图 4.2.7　设置阵列　　　图 4.2.8　【阵列】对话框　　　图 4.2.9　阵列实体

(5) 选择前视基准面，绘制草图如图 4.2.10 所示；单击【旋转切除】图标，使叶片达到所需形状长度 195.00 mm，如图 4.2.11 所示。

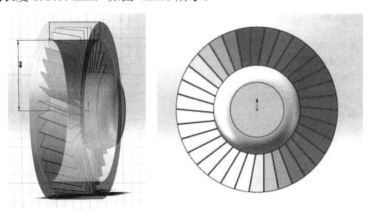

图 4.2.10　绘制草图　　　　　图 4.2.11　切除实体

(6) 在工具栏单击【参考】图标，再单击基准面，如图 4.2.12 所示；在左侧窗口选择参考平面，设置距离为"78.00 mm"，如图 4.2.13 所示；最后生成的基准面如图 4.2.14 所示。

图 4.2.12　参考菜单　　　图 4.2.13　基准面对话框　　　图 4.2.14　生成基准面

(7) 在上一步建立的基准面上绘制草图，如图 4.2.15 所示；单击【拉伸凸台/基体】图标 🔲，选择"给定深度"，深度输入 200.00 mm，形成风扇外壳，如图 4.2.16 所示。

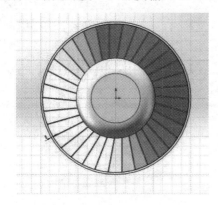 

　　　图 4.2.15　绘制草图　　　　　　　　　　图 4.2.16　拉伸实体

(8) 选择圆柱外壳一端的平面，绘制直径为 480.00 mm 的圆草图，如图 4.2.17 所示；单击【拉伸凸台/基体】图标 🔲，选择"给定深度"，深度输入"4.50 mm"，形成实体，如图 4.2.18 所示；选择圆柱外壳的另一端平面，绘制直径 430.00 mm 圆。采用同样方法建立类似特征，如图 4.2.19 所示。

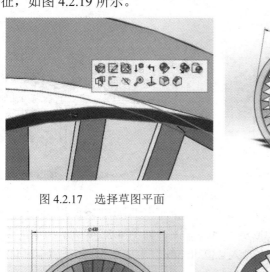 

　　　图 4.2.17　选择草图平面　　　　　　　　图 4.2.18　绘制草图

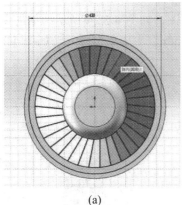 

　　　　　(a)　　　　　　　　　　　　　　(b)

图 4.2.19　拉伸实体

(9) 选择风扇内一端平面，绘制直径为 30.00 mm 的圆，如图 4.2.20 所示；单击【拉伸凸台/基体】图标圖，选择"给定深度"，深度输入"150.00 mm"，形成轴的实体，如图 4.2.21 所示。

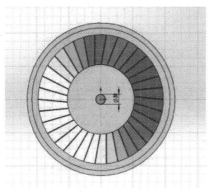

图 4.2.20　绘制草图　　　　　　　图 4.2.21　拉伸实体

2. 风扇零件 2 的建模

(1) 如图 4.2.22 所示，选择前视基准面按照规定尺寸绘制草图；单击【旋转凸台/基体】图标🔩，经过旋转形成圆柱实体，如图 4.2.23 所示。

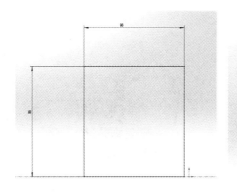

图 4.2.22　绘制草图　　　　　　　图 4.2.23　旋转实体

(2) 选择上视基准面，绘制 90.00 mm 直线草图，如图 4.2.24 所示；单击【拉伸凸台/基体】图标圖，选择"给定深度"，输入 230.00 mm，生成单个叶片，如图 4.2.25 所示。

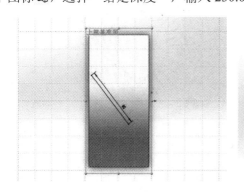

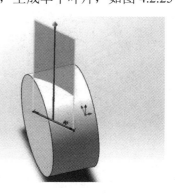

图 4.2.24　绘制草图　　　　　　　图 4.2.25　拉伸实体

（3）如图 4.2.26 所示，单击【线性阵列】图标，选择"圆周阵列"，选中上一步拉伸生成的叶片为要阵列的特征；如图 4.2.27 所示，在左侧设置阵列数为 11，选择草图 1 直线为阵列轴，即生成叶片组，如图 4.2.28 所示。

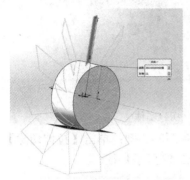

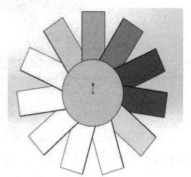

图 4.2.26　设置阵列　　　　　图 4.2.27　阵列对话框　　　　　图 4.2.28　阵列实体

（4）选择前视基准面，绘制如图 4.2.29 的草图；单击【旋转切除】图标，使叶片达到所需形状长度，如图 4.2.30 所示。

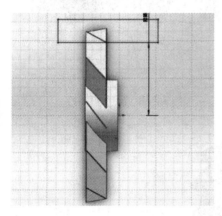
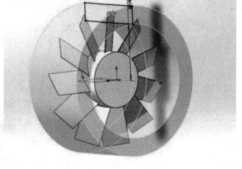

图 4.2.29　绘制草图　　　　　　　　　图 4.2.30　旋转切除实体

（5）如图 4.2.31 所示，选择草图平面；在平面绘制直径为 30.00 mm 圆的草图，如图 4.2.32 所示；在切除对话框中选择"完全贯穿"，如图 4.2.33 所示；单击【拉伸切除】图标，形成轴孔，如图 4.2.34 所示，

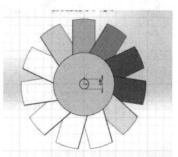

图 4.2.31　选择草图平面　　　　　　　图 4.2.32　绘制草图

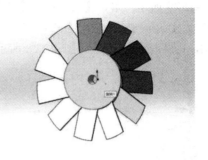

图 4.2.33　切除对话框　　　　　　　　图 4.2.34　切除实体

(6) 如图 4.2.35、图 4.2.36 所示，选择草图平面并绘制两同心圆；单击【拉伸切除】图标🗔，选择"给定深度"，输入 50.00 mm，形成如图 4.2.37 所示特征。

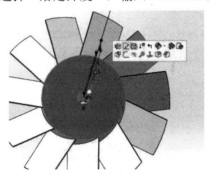

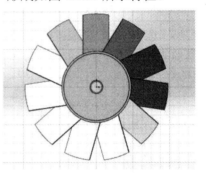

图 4.2.35　选择草图平面　　　　　　　图 4.2.36　绘制草图

图 4.2.37　切除实体

(7) 单击【圆角】图标🗔，选择图 4.2.38 所示两边线，设置圆角参数为 10.00 mm。

图 4.2.38　设置圆角

(8) 如图 4.2.39 所示,选择一端面绘制草图;绘制距离风扇轴心 88 mm 的直径为 8.00 mm 的小圆, 如图 4.2.40 所示；单击【圆周草图阵列】图标 ，在左侧选择要阵列的实体和圆 周阵列的圆心点，设置实例数为 8，实体选择刚刚绘制的小圆，如图 4.2.41 所示；单击【拉 伸凸台/基体】图标 ，深度输入 50.00 mm，生成如图 4.2.42 所示实体。

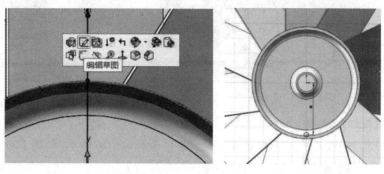

图 4.2.39　选择草图平面　　　　　　图 4.2.40　绘制草图

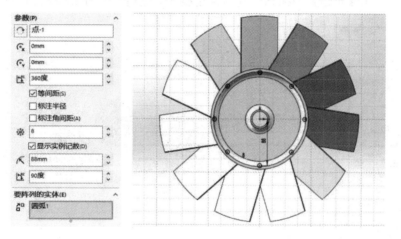

图 4.2.41　【阵列】对话框　　　　图 4.2.42　阵列实体

(9) 选择平面绘制如图 4.2.43 所示草图；单击【拉伸凸台/基体】图标 ，深度设为 60.00 mm，生成如图 4.2.44 所示实体。

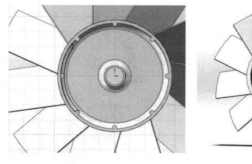
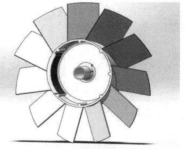

图 4.2.43　绘制草图　　　　　　图 4.2.44　拉伸实体

(10) 选择端面平面绘制圆孔草图，如图 4.2.45 所示；单击【拉伸切除】图标 ，选择 "给定深度"，深度设为 20.00 mm，生成如图 4.2.46 所示小孔。

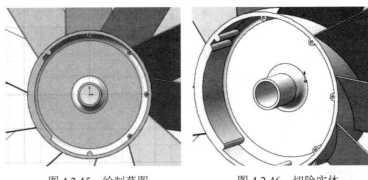

图 4.2.45　绘制草图　　　　　　　图 4.2.46　切除实体

3. 风扇装配体的建模

新建装配体，浏览并放入之前建成的风扇零件 1 和风扇零件 2；单击【配合】图标 ◎，选中图 4.2.47 所示两圆柱面，在左侧单击【同轴心配合】图标 ◎；选择要配合的面，如图 4.2.48 所示，单击【重合】图标 ✗。完成风扇整体的建模，如图 4.2.49 所示。

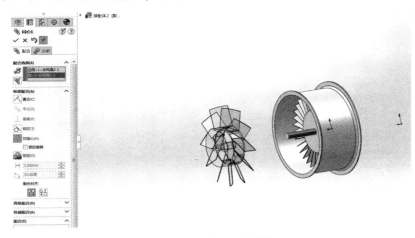

图 4.2.47　导入风扇零件

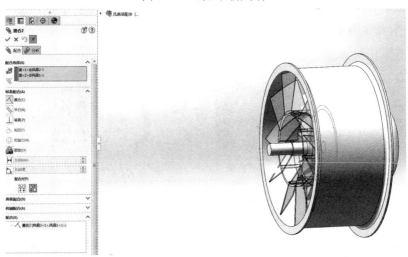

图 4.2.48　设置配合方式

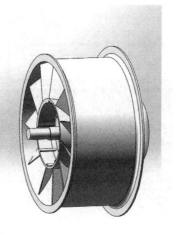

图 4.2.49　风扇装配体

至此，冷却风扇建模完成。

4.2.2　散热器的建模

散热器由进水室、出水室及散热器芯三部分构成。冷却液在散热器芯内流动，空气在散热器外通过。热的冷却液由于向空气散热而变冷，冷空气则因为吸收冷却液散出的热量而升温。

散热器的建模方法如下：

(1) 如图 4.2.50 所示，取前视基准面按照规定尺寸绘制草图；单击【拉伸凸台/基体】图标 ，选择"给定深度"，输入 262.1.00 mm，生成如图 4.2.51 所示的拉伸实体。

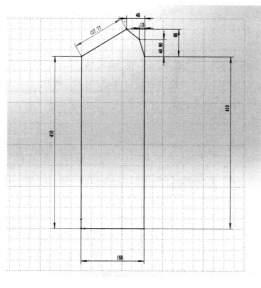

图 4.2.50　绘制草图

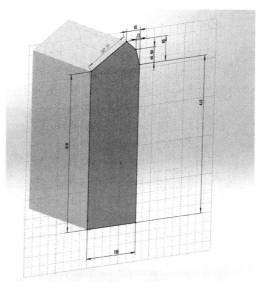

图 4.2.51　拉伸实体

(2) 选择上一步生成实体的上顶面为基准面，绘制如图 4.2.52 所示的草图；单击【拉伸凸台/基体】图标 ，选择"给定深度"，输入 30.00 mm，生成如图 4.2.53 所示的拉伸实体。

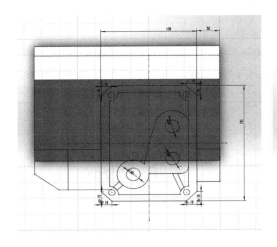

图 4.2.52　绘制草图

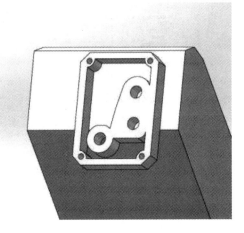

图 4.2.53　拉伸实体

(3) 选择上一步生成实体的上顶面为基准面，绘制如图 4.2.54 所示的草图；单击【拉伸凸台/基体】图标 ，选择"给定深度"，输入 28.00 mm，生成如图 4.2.55 所示的拉伸实体。

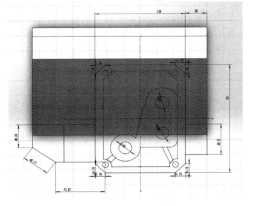

图 4.2.54　绘制草图

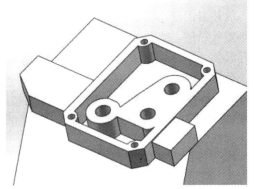

图 4.2.55　拉伸实体

(4) 选中如图 4.2.55 中所示实体的上顶面为基准面，绘制如图 4.2.56 所示草图；单击【拉伸凸台/基体】图标 ，选择"给定深度"，输入 8.00 mm，生成如图 4.2.57 所示的拉伸实体。

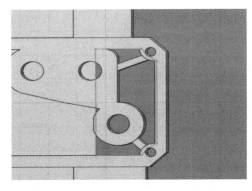

图 4.2.56　绘制草图

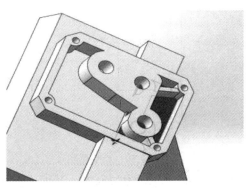

图 4.2.57　拉伸实体

(5) 选中如图 4.2.58 所示实体的上顶面为基准面，绘制草图；单击【拉伸凸台/基体】图标，选择"给定深度"，输入 28.00 mm，生成如图 4.2.59 所示的拉伸实体。

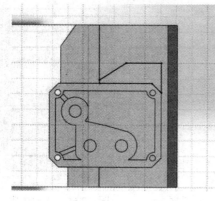

图 4.2.58　绘制草图

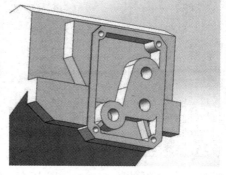

图 4.2.59　拉伸实体

(6) 选中拉伸实体面为基准面，绘制如图 4.2.60 所示的草图；单击【拉伸切除】图标，选择"给定深度"，输入 20.00 mm，生成如图 4.2.61 所示的切除实体。

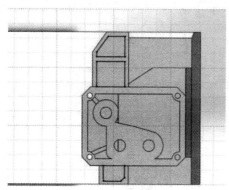

图 4.2.60　绘制草图

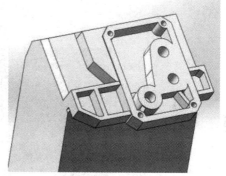

图 4.2.61　切除实体

(7) 选中散热器侧面作为基准面，绘制如图 4.2.62 所示草图；单击【拉伸凸台/基体】图标，选择"给定深度"，输入 4.27 mm，生成如图 4.2.63 所示的拉伸实体。

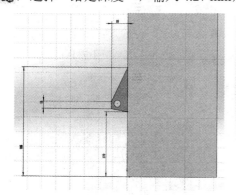

图 4.2.62　绘制草图

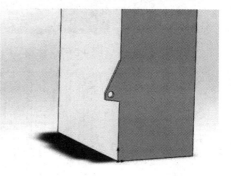

图 4.2.63　拉伸实体

(8) 选中气缸体下部侧面作为基准面，绘制矩形草图，如图 4.2.64 所示；单击【线性阵列草图】图标，间距输入 14.18 mm，实例数为 18，实体选择矩形草图，形成草图阵列如图 4.2.65 所示；单击【拉伸切除】图标[图标]，选择"完全贯穿"，生成如图 4.2.66 所示的阵列实体。

图 4.2.64　设置阵列　　　　　　图 4.2.65　阵列对话框　　　　　　图 4.2.66　阵列实体

　　(9) 选中散热器正面作为基准面，绘制如图 4.2.67 所示草图；如图 4.2.68 所示，单击【线性阵列草图】图标[图标]，间距输入 6.3 mm，实例数为 59，生成如图 4.2.69 所示阵列草图；单击【拉伸凸台/基体】图标[图标]，选择"给定深度"，输入 155.00 mm，生成如图 4.2.70 所示散热片。

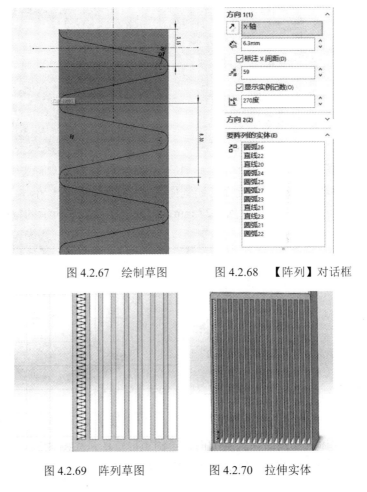

图 4.2.67　绘制草图　　　　　　图 4.2.68　【阵列】对话框

图 4.2.69　阵列草图　　　　　　图 4.2.70　拉伸实体

(10) 单击【线性阵列】图标 ，选择之前建立的散热片特征为要阵列的特征，在左侧设置阵列数为 18，间距为 14.181 mm，选择边线<1>为阵列轴，如图 4.2.71 所示，生成如图 4.2.72 所示的阵列实体。

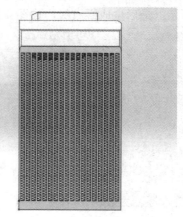

图 4.2.71   阵列对话框   图 4.2.72   阵列实体

(11) 选中散热器侧面为基准面，按规定尺寸绘制草图，如图 4.2.73 所示；单击【拉伸凸台/基体】图标 ，选择"给定深度"，输入 262.1.00mm，生成如图 4.2.74 所示的散热片。

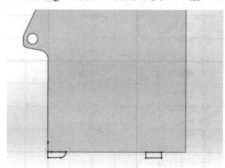

图 4.2.73   绘制草图   图 4.2.74   拉伸实体

(12) 选中散热器底面作为基准面，绘制草图，如图 4.2.75 所示；单击【旋转凸台/基体】图标 ，生成旋转体；重复两次旋转操作，生成如图 4.2.76 所示旋转实体。

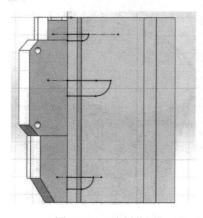

图 4.2.75   绘制草图   图 4.2.76   旋转实体

(13) 选中散热器顶部面作为基准面，按规定尺寸绘制两草图圆，如图 4.2.77 所示；单击【拉伸凸台/基体】图标，选择"给定深度"，输入 20.00 mm，生成圆柱实体，如图 4.2.78 所示；单击【插入】—特征—螺纹线，如图 4.2.79 所示；选择"成形到下一面"，如图 4.2.80 所示。最后生成螺纹线，如图 4.2.81 所示。

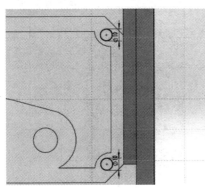
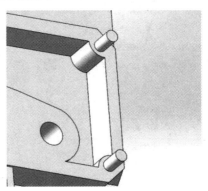

图 4.2.77　绘制草图　　　　　　　　　图 4.2.78　拉伸实体

图 4.2.79　插入螺纹线特征

图 4.2.80　设置螺纹线

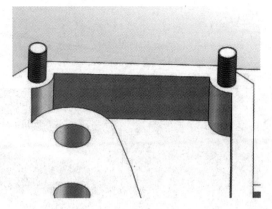

图 4.2.81　生成螺纹线

至此，散热器建模完成。

4.2.3　油底壳的建模

油底壳是曲轴箱的下半部，又称为下曲轴箱。其作用是封闭曲轴箱作为贮油槽的外壳，防止杂质进入，并收集和储存由柴油机各摩擦表面流回的润滑油，散去部分热量，防止润滑油氧化。

油底壳的建模方法如下：

(1) 取前视基准面按照规定尺寸绘制草图，如图 4.2.82 所示；单击【拉伸凸台/基体】图标 ，选择"给定深度"，深度设置 200.00 mm，经过拉伸生成油底壳主体部分，如图 4.2.83 所示。

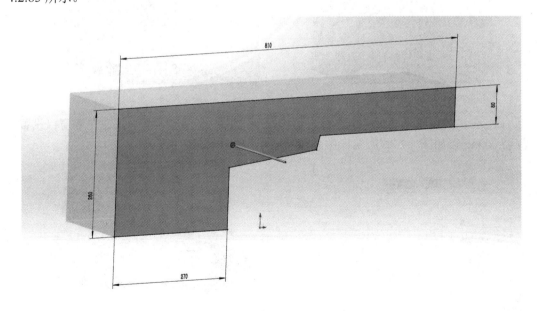

图 4.2.82　绘制草图

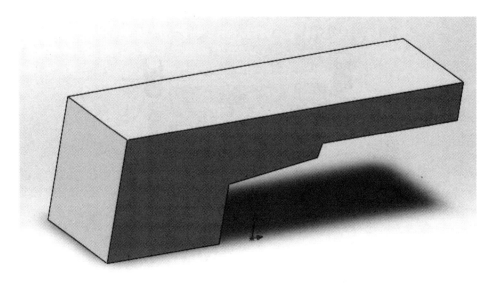

图 4.2.83　拉伸实体

(2) 单击【圆角】图标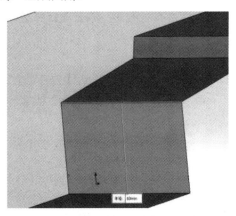，半径输入 50.00 mm，如图 4.2.84 所示；选择如图 4.2.85 所示边线，生成圆角。

 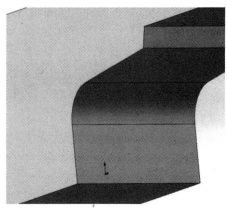

图 4.2.84　设置圆角　　　　　　　　　　　图 4.2.85　生成圆角 1

(3) 在工具栏单击【参考】图标，再单击基准面；选择参考平面，在左侧窗口设置距离 45.00 mm，如图 4.2.86 所示；生成基准面 1，如图 4.2.87 所示。

 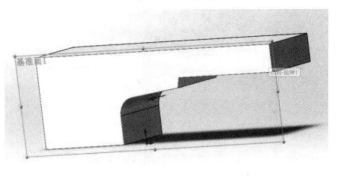

图 4.2.86　设置基准面　　　　　　　　　　图 4.2.87　生成基准面 1

(4) 选择油底壳侧面为基准面绘制草图，如图 4.2.88 所示；选中基准面 1 绘制矩形草图，如图 4.2.89 所示。

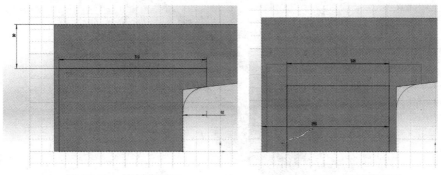

　　　　图 4.2.88　绘制草图(1)　　　　　　　　　图 4.2.89　绘制草图(2)

(5) 单击左上角【草图绘制】图标 ⬚ 下面的小三角，选择 3D 草图绘制 ⬚，绘制如图 4.2.90 所示两条直线作为导引线；单击【放样凸台/基体】图标 🗜，选中上一步绘制的两草图为轮廓，选中绘制的 3D 草图作为引导线，进行放样后生成如图 4.2.91 所示实体。

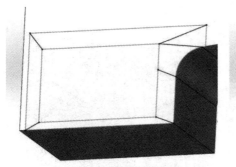 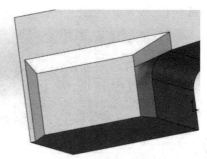

　　　图 4.2.90　绘制 3D 草图　　　　　　　　　图 4.2.91　放样实体

(6) 单击【抽壳】图标 🗔，距离设置为 20.00 mm，将移除的面选择为上表面，如图 4.2.92 所示。最后生成如图 4.2.93 所示的油底壳内腔。

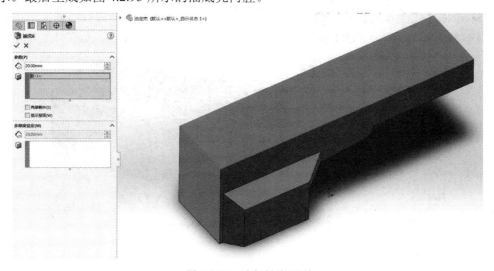

图 4.2.92　选择抽壳平面

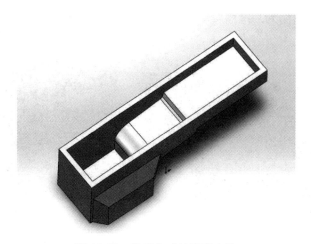

图 4.2.93　抽壳生成油底壳内腔

(7) 选中油底壳上表面作为基准面，按规定尺寸绘制草图，如图 4.2.94 所示；单击【拉伸凸台/基体】图标，选择"给定深度"，深度设置为 80.00 mm，经过拉伸生成实体，如图 4.2.95 所示。

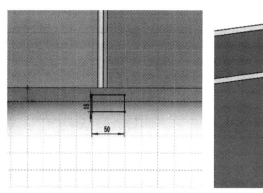

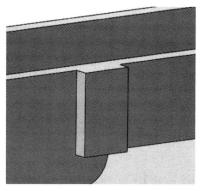

图 4.2.94　绘制草图　　　　　　　　图 4.2.95　拉伸实体

(8) 单击【线性阵列】图标，选择上一步建立的多个特征为要阵列的特征，在左侧设置阵列数为 4，间距为 80.00 mm，如图 4.2.96 所示。生成阵列实体，如图 4.2.97 所示。

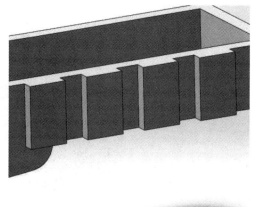

图 4.2.96　阵列对话框　　　　　　　图 4.2.97　阵列实体

(9) 单击【圆角】图标 ，半径输入适当值；选择如图边线，生成圆角，如图 4.2.98 所示。

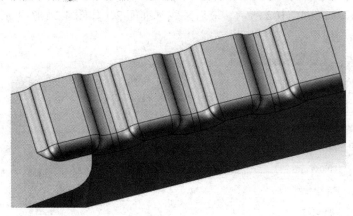

图 4.2.98　生成圆角

(10) 选中油底壳上表面作为基准面，按规定尺寸绘制草图，如图 4.2.99 所示；单击【拉伸凸台/基体】图标 ，选择"给定深度"，深度设置为 80.00 mm，经过拉伸生成特征，如图 4.2.100 所示。

用前几步相同的方法，经过【线性阵列】和【圆角】之后，生成如图 4.2.101 所示圆角。

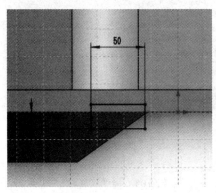
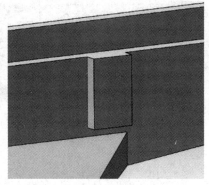

图 4.2.99　绘制草图　　　　　　　图 4.2.100　拉伸实体

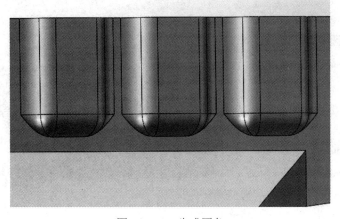

图 4.2.101　生成圆角

(11) 在工具栏单击【参考】图标，再单击基准面；选中参考平面，在左侧窗口设置距离为 100.00 mm，如图 4.2.102 所示。最后生成基准面 2，如图 4.2.103 所示。

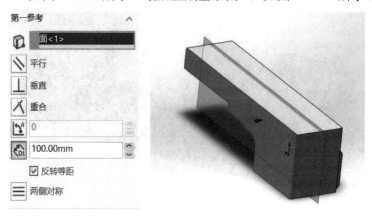

图 4.2.102　基准面对话框　　　　　图 4.2.103　生成基准面 2

(12) 在工具栏单击【镜像】图标，在左侧窗口进行设置，选择基准面 2 为镜像面，选择之前多个特征为要阵列的特征，如图 4.2.104 所示。生成镜像实体，如图 4.2.105 所示。

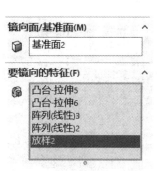
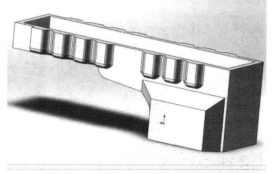

图 4.2.104　镜像对话框　　　　　图 4.2.105　镜像实体

(13) 在工具栏单击【参考】图标，再单击基准面；选中参考平面，在左侧窗口设置距离为 35.00 mm，如图 4.2.106 所示。最后生成基准面 3，如图 4.2.107 所示。

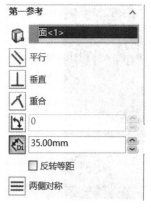
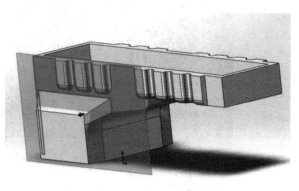

图 4.2.106　【基准面】对话框　　　　　图 4.2.107　生成基准面 3

(14) 选择油底壳侧面为基准面，绘制草图，如图 4.2.108 所示；再选中基准面 1 绘制矩形草图，如图 4.2.109 所示。

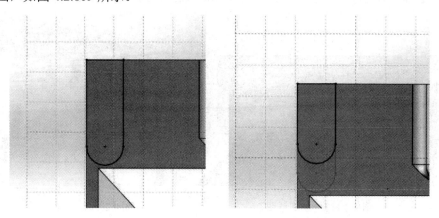

图 4.2.108　绘制草图(以油底壳侧面为基准面)　图 4.2.109　绘制草图(基准面 1)

(15) 单击左上角【草图绘制】图标 ⊏ 下面小三角，选择 3D 草图绘制 3D，绘制如图 4.2.110 所示两条直线作导引线；单击【放样凸台/基体】图标 🠻，选择上一步绘制的两草图作为轮廓，选择绘制的 3D 草图为引导线，进行放样后形成特征，如图 4.2.112 所示。

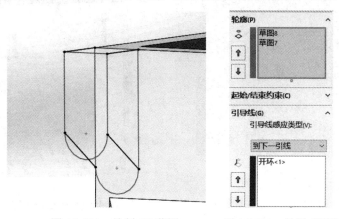

图 4.2.110　绘制 3D 草图　　图 4.2.111　放样对话框

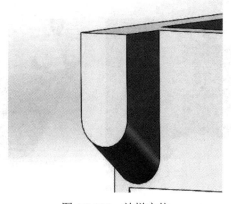

图 4.2.112　放样实体

(16) 选择油底壳端面作为基准面，绘制如图 4.2.113 所示草图；单击【拉伸凸台/基体】图标 ，选择"给定深度"，深度设置 15.00 mm，经过拉伸生成特征，如图 4.2.114 所示。

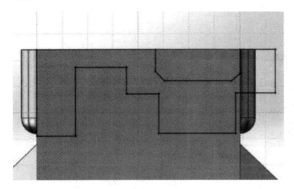
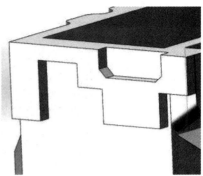

图 4.2.113　绘制草图　　　　　　　　　　图 4.2.114　拉伸实体

(17) 选择油底壳端面作为基准面，绘制如图 4.2.115 所示草图；单击【拉伸凸台/基体】图标 ，选择"给定深度"，深度 1 设置 15.00 mm，深度 2 设置 60.00 mm，经过拉伸生成特征，如图 4.2.116 所示。

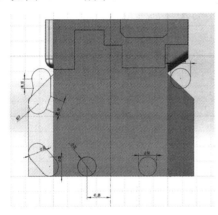
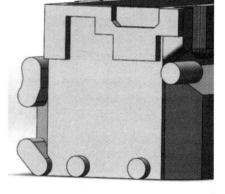

图 4.2.115　绘制草图　　　　　　　　　　图 4.2.116　拉伸实体

(18) 单击【圆角】图标 ，半径输入 50.00 mm；选择如图 4.2.117 所示两条边线，生成圆角，如图 4.2.118 所示。

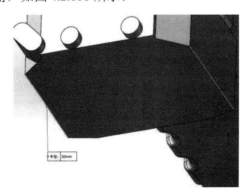
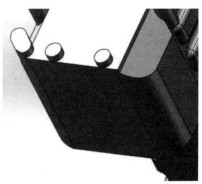

图 4.2.117　选择圆角边线　　　　　　　　图 4.2.118　生成圆角

(19) 选择油底壳端面为基准面，绘制如图 4.2.119 所示草图；单击【拉伸凸台/基体】图标 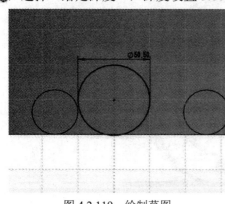，选择"给定深度"，深度设置 5.00 mm，经过拉伸生成特征，如图 4.2.120 所示。

图 4.2.119　绘制草图　　　　　　　　图 4.2.120　拉伸实体

(20) 选择上一步建立的圆柱端面作为基准面，绘制如图 4.2.121 所示草图；单击【拉伸凸台/基体】图标 ，选择"给定深度"，深度设置 5.00 mm，经过拉伸生成特征，如图 4.2.122 所示。

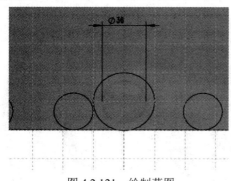

图 4.2.121　绘制草图　　　　　　　　图 4.2.122　拉伸实体

(21) 选择上一步建立的圆柱端面为基准面，绘制如图 4.2.123 所示圆形草图；单击【线性阵列草图】图标 右边的小三角形，选择【圆周草图阵列】图标 ，实例数为 3，形成阵列草图，如图 4.2.124 所示；单击【拉伸切除】图标 ，深度设为 10.00 mm，形成小孔，如图 4.2.125 所示。

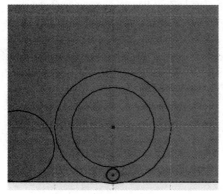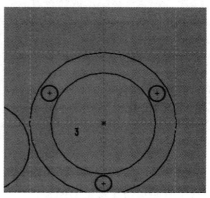

图 4.2.123　绘制草图　　　　　　　　图 4.2.124　阵列草图

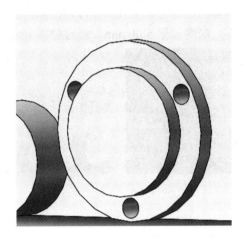

图 4.2.125　切除实体

(22) 选择上一步形成的圆柱实体端面作为基准面，单击【多边形】图标⊙，绘制内圆直径为 24.00 mm 的正六边形，如图 4.2.126 所示；单击【拉伸凸台/基体】图标🗊，选择"给定深度"，深度设置 10.00 mm，经过拉伸生成特征，如图 4.2.127 所示。

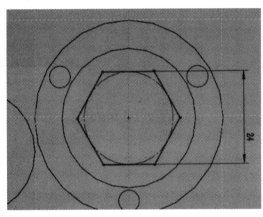

图 4.2.126　绘制草图

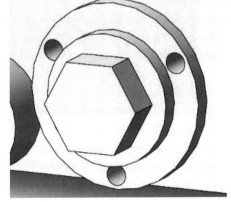

图 4.2.127　拉伸实体

(23) 选择图示端面作为基准面，绘制两草图圆，如图 4.2.128 所示；单击【拉伸切除】图标🗊，选择"完全贯穿"形成特征孔，如图 4.2.129 所示。

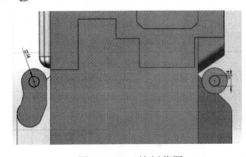

图 4.2.128　绘制草图

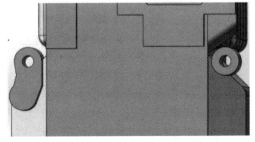

图 4.2.129　切除实体

(24) 在工具栏单击【参考】图标，再单击基准面；选择上视基准面作为参考平面，在左侧窗口设置距离 175.00 mm，如图 4.2.130 所示。最后生成基准面 4，如图 4.2.131 所示。

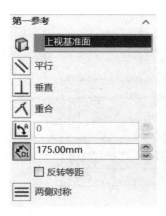

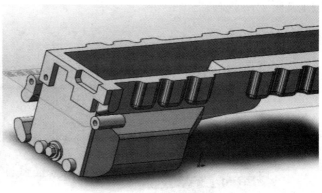

图 4.2.130　基准面对话框　　　　　　　图 4.2.131　生成基准面 4

(25) 选择基准面 4，绘制如图 4.2.132 所示草图；单击【拉伸凸台/基体】图标 ，选择"成形到下一面"，经过拉伸生成特征，如图 4.2.133 所示。

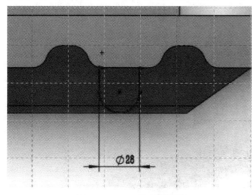

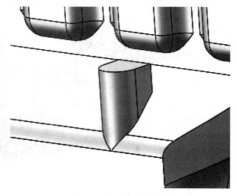

图 4.2.132　绘制草图　　　　　　　　图 4.2.133　拉伸实体

(26) 选择上一步特征上表面作为基准面，绘制草图圆，如图 4.2.134 所示；单击【拉伸切除】图标 ，深度设置为 100.00 mm，形成如图 4.2.135 所示特征孔。

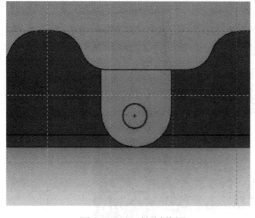

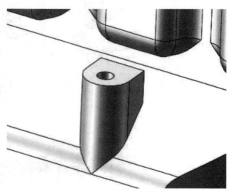

图 4.2.134　绘制草图　　　　　　　　图 4.2.135　切除实体

(27) 选择油底壳上表面作为基准面，绘制矩形草图，如图 4.2.136 所示；单击【拉伸凸台/基体】图标 ，选择"给定深度"，深度设置为 10.00 mm，经过拉伸生成特征，如

图 4.2.137 所示。

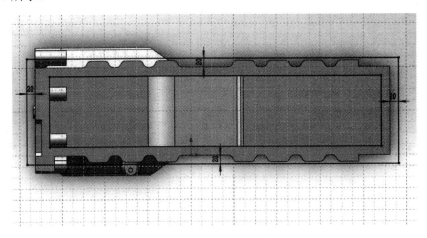

图 4.2.136　绘制草图

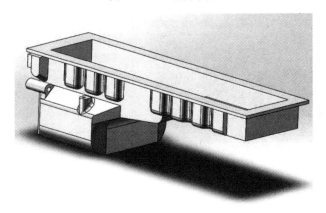

图 4.2.137　拉伸实体

(28) 重复上述(21)~(24)步操作，在图示两平面分别建立特征组，如图 4.2.138 所示。

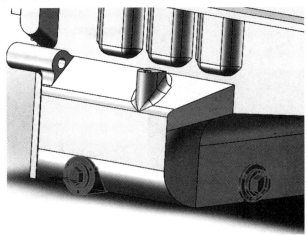

图 4.2.138　建立特征组

(29) 如图 4.2.139 所示，在工具栏选择【镜像】图标，在左侧窗口进行设置；选择基准面 2 作为镜像面，再选择之前多个特征作为要阵列的特征，如图 4.2.140 所示。最后生成镜像实体，如图 4.2.141 所示。

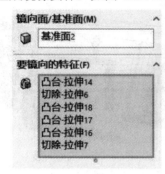

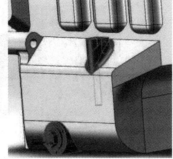

图 4.2.139　设置镜像实体　　　　图 4.2.140　选择镜像特征　　　　图 4.2.141　生成镜像实体

(30) 在工具栏单击【参考】图标，再单击基准面；选择一端面作为参考平面，在左侧窗口设置距离为 10.00 mm，如图 4.2.142 所示。最后生成基准面 5，如图 4.2.143 所示。

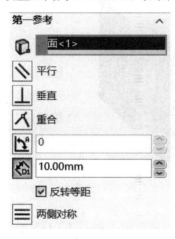

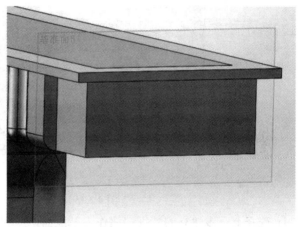

图 4.2.142　基准面对话框　　　　　　　图 4.2.143　生成基准面 5

(31) 选择基准面 5，按规定尺寸绘制草图，如图 4.2.144 所示；单击【拉伸凸台/基体】图标，选择"给定深度"，深度设置为 95.00 mm，如图 4.2.145 所示。最后经过拉伸生成如图 4.2.146 所示的实体。

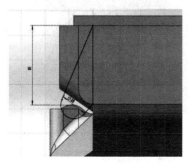

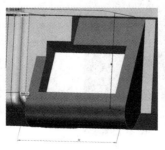

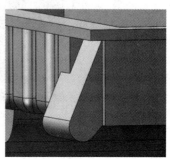

图 4.2.144　绘制草图　　　　　　图 4.2.145　深度设置　　　　　　图 4.2.146　拉伸实体

(32) 选择上一步建立的特征侧面作为基准面，绘制矩形草图，如图 4.2.147 所示；单击【拉伸切除】图标🔲，方向 1 深度设为 15.00 mm，方向 2 深度设为 11.00 mm，如图 4.2.148 所示。最后经过切除形成特征，如图 4.2.149 所示。

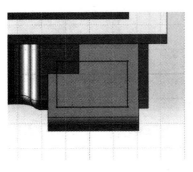  

图 4.2.147　绘制草图　　　　图 4.2.148　深度设置　　　　图 4.2.149　切除实体

(33) 单击【圆角】图标🟫，在上一步生成的特征边线绘制圆角，如图 4.2.150 所示。

图 4.2.150　生成圆角

(34) 选择上一步建立的特征端面作为基准面，绘制圆形草图，如图 4.2.151 所示；单击【拉伸切除】图标🔲，选择"成形到下一面"，形成特征，如图 4.2.152 所示。

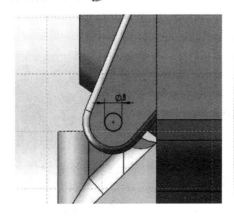 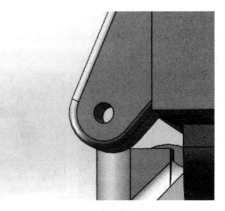

图 4.2.151　绘制草图　　　　　　　图 4.2.152　切除实体

(35) 如图 4.2.153 所示，在工具栏选择【镜像】图标🔛，在左侧窗口进行设置，选择

基准面 2 为镜像面，选择之前生成的多个特征作为要阵列的特征，生成镜像实体，如图
4.2.154 所示。

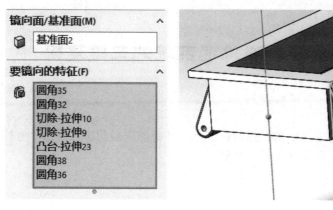

图 4.2.153　【基准面】对话框　　　　　图 4.2.154　镜像实体

至此，油底壳模型建立完成。

第5章　进排气系统的三维建模

　　进排气系统的作用是供给内燃机新鲜空气,并将燃烧后的废气排出。进排气系统直接影响内燃机的动力性、经济性及排放性能。

5.1　空气滤清器的建模

　　空气滤清器装在进气管的前方,起着滤除空气中灰尘、砂粒的作用,并可以保证气缸中进入足量、清洁的空气。

　　空气滤清器的建模方法如下。

1. 壳体的建模

　　(1) 启动 SolidWorks 软件,单击【新建】图标，在【新建】对话框中选中【零件】按钮,然后单击【确定】按钮,进入草图绘制界面。

　　(2) 取图 5.1.1 所示拉伸实体的上视基准面,按照规定尺寸绘制草图;单击【拉伸凸台/基体】图标，再单击【抽壳】图标，经过抽壳生成壳体的主体部分,如图 5.1.2 所示。

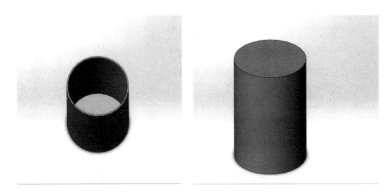

図 5.1.1　拉伸实体　　　　　　図 5.1.2　抽壳实体

　　(3) 取抽壳实体的底面作为基准面来绘制草图;单击【拉伸凸台/基体】图标，生成如图 5.1.3 所示的拉伸实体;在拉伸实体的顶部绘制草图,单击【拉伸切除】图标，经过切除完成壳体的顶部部分,如图 5.1.4 所示。

图 5.1.3　拉伸实体　　　　　图 5.1.4　切除实体

(4) 建立基准面 1，设定参数为平行上视基准面且距离为 280 mm；在基准面 1 绘制草图，然后单击【拉伸凸台/基体】图标，结果如图 5.1.5 所示；在基准面 1 上绘制草图，然后单击【拉伸凸台/基体】图标，形成外壳固定支架如图 5.1.6 所示；在支架上打孔，打孔参数设置如图 5.1.7 所示。最后形成 4 个圆孔，如图 5.1.8 所示。

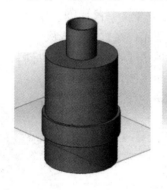

图 5.1.5　绘制草图　　　　图 5.1.6　拉伸实体

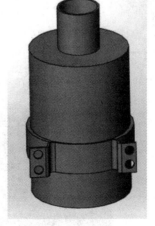

图 5.1.7　打孔参数　　　图 5.1.8　形成圆孔

(5) 如图 5.1.9 所示，在支架正对后侧方圆环上绘制草图，单击【拉伸切除】图标；建立基准面，设定其为相切于筒体表面并平行于右视基准面，绘制草图后单击【拉伸凸台/基体】图标，并在其表面打孔，打孔参数设置如图 5.1.10 所示，形成 4 个圆孔，如图 5.1.11 所示。

图 5.1.9　切除实体　　　图 5.1.10　打孔参数　　　图 5.1.11　形成圆孔

(6) 建立草图基准面 7，在草图基准面上绘制圆形草图；然后单击【拉伸凸台/基体】图标 ，形成圆柱实体；再在圆柱表面绘制圆形草图；单击【拉伸切除】图标 ，形成圆筒，如图 5.1.12 所示。在管道的断面上建立草图基准面 8，绘制草图；单击【旋转凸台/基体】图标 ，旋转参数设置如图 5.1.13 所示；经过旋转形成半球壳实体，如图 5.1.14 所示；在半球壳体平面上绘制 9 个圆草图，单击【拉伸切除】图标 ，形成 9 个圆孔；对 9 个圆孔进行圆周阵列，形成网状进气口，如图 5.1.15 所示。

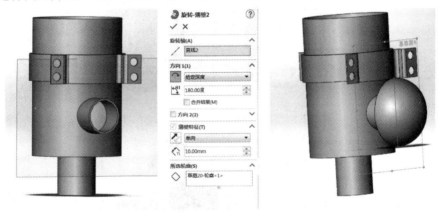

图 5.1.12　拉伸实体　　　图 5.1.13　旋转参数设置　　　图 5.1.14　半球壳实体

图 5.1.15　网状进气口

(7) 建立草图基准面 9，绘制草图；单击【拉伸凸台/基体】图标 ，生成如图 5.1.16 所示的拉伸实体；在生成的实体上再绘制草图，拉伸后得到中间杆，如图 5.1.17 所示。

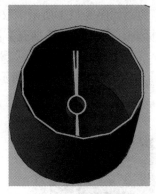

图 5.1.16　拉伸实体　　　　　　图 5.1.17　中间杆

(8) 如图 5.1.18 所示，单击菜单栏中【插入】—【注解】中的【螺纹装饰线】图标 ，选择所生成的中间杆，设置螺纹参数。生成螺纹，如图 5.1.19 所示。

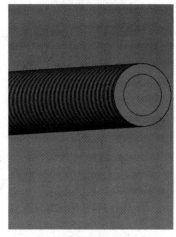

图 5.1.18　设置螺纹参数　　　　　　图 5.1.19　螺纹

至此，完成对空气滤清器壳体的建模，如图 5.1.20 所示。

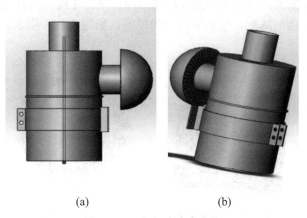

(a)　　　　　　　　(b)

图 5.1.20　空气滤清器壳体

2. 导风罩的建模

(1) 启动 SolidWorks 软件，单击【新建】图标 ⬜，在【新建】对话框中选中【零件】按钮，然后单击【确定】按钮，进入草图绘制界面。如图 5.1.21 所示，取上视基准面按照规定尺寸绘制草图；单击【拉伸凸台/基体】图标 🔧，然后单击【抽壳】图标 🔧，生成抽壳实体如图 5.1.22 所示；在底面平面绘制草图，单击【拉伸切除】图标 🔧；如图 5.1.23 所示，单击【圆角】图标 📦，选择圆角类型为面圆角，生成如图 5.1.24 所示的圆角实体。

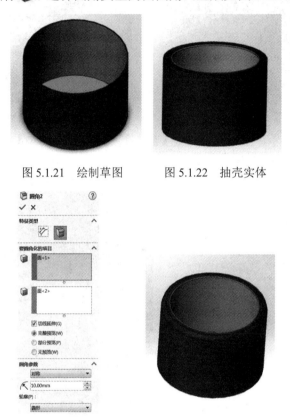

图 5.1.21　绘制草图　　　图 5.1.22　抽壳实体

图 5.1.23　设置圆角参数　　　图 5.1.24　圆角实体

(2) 如图 5.1.25 所示，建立基准面 3 绘制草图；单击【拉伸凸台/基体】图标 🔧，然后建立基准轴 1，选择圆周阵列，生成导风罩的模型，如图 5.1.26 所示。

图 5.1.25　绘制草图　　　图 5.1.26　导风罩

3. 滤芯的建模

(1) 启动 SolidWorks 软件，单击【新建】图标📄，在【新建】对话框中选中【零件】按钮，然后单击【确定】按钮，进入草图绘制界面。如图 5.1.27 所示，取上视基准面绘制草图；单击【拉伸凸台/基体】图标📦，经过拉伸生成拉伸实体，如图 5.1.28 所示。

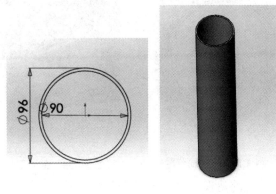

图 5.1.27　绘制草图　　　　图 5.1.28　拉伸实体

(2) 如图 5.1.29 所示，建立草图基准面 1，绘制草图并单击【拉伸切除】图标🔲。再单击【圆周阵列】图标🔅，取圆柱体中心轴为基准轴，以前一步生成的一列圆孔为阵列特征，生成条孔网状特征如图 5.1.30 所示。

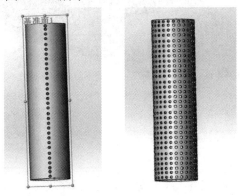

图 5.1.29　拉伸实体　　　　图 5.1.30　圆周阵列

(3) 取距圆柱体顶面 20 mm 处建立草图基准面 2，绘制草图并单击【拉伸凸台/基体】图标📦，如图 5.1.31 所示。在前视面绘制草图后单击【旋转凸台/基体】图标，生成旋转实体，如图 5.1.32 所示。

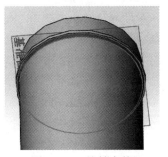

图 5.1.31　拉伸实体　　　　图 5.1.32　旋转实体

(4) 如图 5.1.33 所示，建立草图基准面 3，绘制草图后单击【拉伸凸台/基体】图标。然后单击【抽壳】图标，抽壳完成后在底面绘制直径为 14 mm 的圆，并进行拉伸切除，然后再绘制一圆环，经拉伸得到抽壳实体，如图 5.1.34 所示。

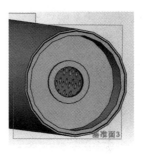

图 5.1.33　绘制草图　　　　　图 5.1.34　抽壳实体

至此，完成对滤芯主体的建模，如图 5.1.35 所示。

图 5.1.35　滤芯主体

4. 纸滤芯的建模

单击【新建】图标，选中【零件】按钮后，进入草图绘制界面；在上视基准面上建立草图，如图 5.1.36 所示；再单击【拉伸凸台/基体】图标，在拉伸实体的顶面上绘制草图并进行圆周阵列；对阵列后的草图单击【拉伸切除】图标，生成拉伸实体，如图 5.1.37 所示。

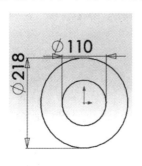

图 5.1.36　绘制草图　　　　　图 5.1.37　拉伸实体

5. 表面钢丝的建模

(1) 单击【新建】图标 ，在【新建】对话框中选中【零件】按钮，然后单击【确定】按钮。选择上视基准面，进入草图绘制界面然后绘制直径为 220 mm 的圆，并拉伸至 330 mm 成曲面，如图 5.1.38 所示；选择前视基准面绘制直线，如图 5.1.39 所示；单击【投影曲线】图标 ，将直线投影至曲面得到路径曲线；选择上视基准面，再绘制直径 2 mm 的圆作为轮廓草图，如图 5.1.40 所示；单击【扫描】图标 ，分别选择轮廓及路径，得到扫描实体，如图 5.1.41 所示。

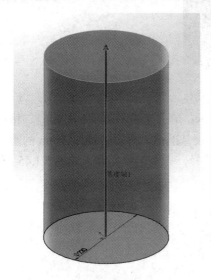

图 5.1.38　拉伸曲面

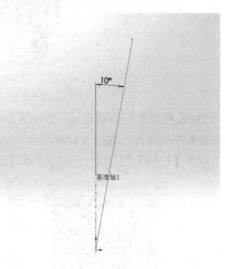

图 5.1.39　绘制草图(前视基准面)

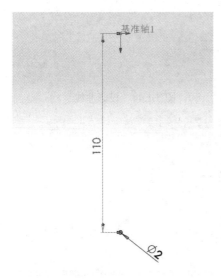

图 5.1.40　绘制草图(上视基准面)

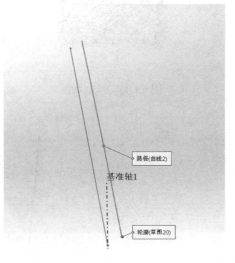

图 5.1.41　扫描实体

(2) 单击【阵列】图标 ，以 Z 轴为基准轴，阵列上一步得到的扫描实体，选择 360° 100 个，得到阵列实体，如图 5.1.42 所示。

图 5.1.42　阵列实体

(3) 选择前视基准面绘制直线，如图 5.1.43 所示；单击【投影曲线】图标 ，将直线投影至曲面得到路径曲线，如图 5.1.44 所示；选择上视基准面，再绘制直径 2 mm 的圆作为轮廓草图；单击【扫描】图标 ，分别选择轮廓及路径，得到扫描实体，如图 5.1.45 所示。

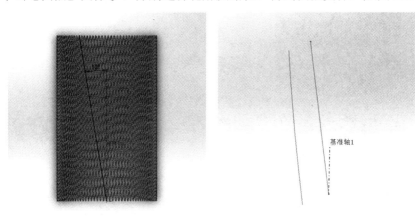

图 5.1.43　绘制草图　　　　　　　　图 5.1.44　投影曲线

图 5.1.45　扫描实体

(4) 单击【阵列】图标，以 Z 轴为基准轴，阵列上一步得到的扫描实体，选择 360°100 个，得到圆柱铁丝网，如图 5.1.46 所示。

图 5.1.46　阵列实体

(5) 选择上视基准面，进入草图绘制界面，然后绘制直径为 100 mm 的圆，并拉伸至330 mm 成曲面，如图 5.1.47 所示；以该曲面为投影曲面，同理完成圆柱形铁丝网的内部结构，如图 5.1.48 所示。

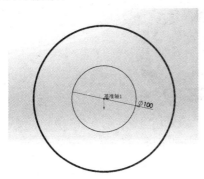

图 5.1.47　绘制草图　　　　　　　图 5.1.48　铁丝网成品

6. 顶部和底部端盖的建模

(1) 单击【新建】图标，在【新建】对话框中选中【零件】按钮，然后单击【确定】按钮，进入草图绘制界面。在上视基准面上绘制草图，经过拉伸后在实体顶部和底部绘制草图，再对草图进行拉伸和切除等操作，生成如图 5.1.49 所示的拉伸实体。

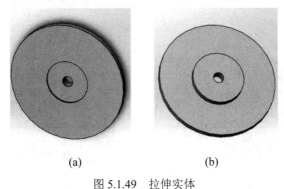

(a)　　　　　　　　　　　(b)

图 5.1.49　拉伸实体

(2) 单击【新建】图标 📄，在【新建】对话框中选中【零件】按钮，然后单击【确定】按钮，进入草图绘制界面；选择上视基准面绘制草图，再单击【拉伸凸台/基体】图标 📦，生成拉伸实体如图 5.1.50 所示；单击【抽壳】图标 🗻，生成如图 5.1.51 所示的抽壳实体。

图 5.1.50　拉伸实体　　　　图 5.1.51　抽壳实体

(3) 顶部橡胶部分的建模。新建文件之后进入草图绘制界面，在前视基准面上绘制半圆，然后在上视基准面上绘制圆。以半圆为轮廓，圆为路径进行扫描，然后设置【编辑材料】为"橡胶材料"，得到如图 5.1.52 所示的橡胶圈。

图 5.1.52　橡胶圈

7. 壳体底盖的建模

1) 底盖主体的建模

(1) 单击【新建】图标 📄，在【新建】对话框中选中【零件】按钮，然后单击【确定】按钮，进入草图绘制界面。在上视基准面绘制草图，单击【拉伸凸台/基体】图标 📦，在圆柱体顶部绘制草图圆；单击【拉伸切除】图标 🗐，在切除后的内壁绘制草图，建立基准轴 1，再单击【旋转凸台/基体】图标 🖈，生成拉伸实体如图 5.1.53 所示；设置圆角特征，并选择底面，单击【抽壳】图标 🗻，生成如图 5.1.54 所示的抽壳实体。

158

图 5.1.53　拉伸实体　　　　图 5.1.54　抽壳实体

(2) 在底面中心位置绘制草图圆，直径设置为"42 mm"，并对其进行拉伸，形成拉伸实体 1，如图 5.1.55 所示；再在拉伸实体上表面绘制草图圆，直径设置为"20 mm"，并对其进行拉伸，形成拉伸实体 2，如图 5.1.56 所示；再对拉伸实体进行打孔，孔直径设置为"10 mm"，如图 5.1.57 所示；在孔内添加螺旋线，形成丝孔结构，参数设置如图 5.1.58 所示；在底盖另一侧，生成如图 5.1.59 所示拉伸实体 3；然后在右视草图面上绘制草图，如图 5.1.60 所示；对其进行拉伸后，再将生成的特征进行镜像操作，镜像实体如图 5.1.61 所示。

图 5.1.55　拉伸实体 1

图 5.1.56　拉伸实体 2

图 5.1.57　打孔

图 5.1.58　螺纹线设置参数

图 5.1.59　拉伸实体 3

图 5.1.60　绘制草图

图 5.1.61　镜像实体

(3) 建立草图基准面 7，绘制草图；然后进行拉伸切除操作，再对草图进行双向拉伸，拉伸后在拉伸实体顶面绘制草图，再进行拉伸切除；在其顶面绘制草图后再进行拉伸，然后再对草图进行曲面拉伸操作，最后进行圆角设置，生成如图 5.1.62 所示的底盖主体。

图 5.1.62　底盖主体

2) 排尘嘴的建模

(1) 单击【新建】图标□，在【新建】对话框中选中【零件】选项，然后单击【确定】按钮，进入草图绘制界面。选择前视基准面绘制草图，建立基准轴 1；单击【旋转凸台/基体】图标●，生成旋转实体，如图 5.1.63 所示；对生成的实体进行抽壳，在抽壳实体的顶面绘制草图，并对其进行拉伸操作，如图 5.1.64 所示。

图 5.1.63　旋转实体　　　　　图 5.1.64　绘制草图

(2) 选择【编辑材料】为橡胶，最后设置圆角。即完成排尘嘴的建模，如图 5.1.65 所示。

图 5.1.65　排尘嘴

3) 底壳的装配

单击【新建】图标，在【新建】对话框中选中【装配体】按钮，然后单击【确定】按钮；单击【插入零部件】选项，插入相关模型；单击【配合】图标，使底盖壳体与排尘嘴同轴心。装配效果图如图 5.1.66 所示。

图 5.1.66　装配效果图

5.2　废气涡轮增压器的建模

废气涡轮增压器主要由涡轮机和压气机等构成，其作用是将发动机排出的废气引入涡轮机，利用废气的能量推动涡轮机旋转，由此驱动与涡轮同轴的压气机实现增压。

废气涡轮增压器的建模方法如下：

1. 涡轮机叶轮的建模

(1) 启动 SolidWorks 软件，单击【新建】图标，在【新建】对话框中选中【零件】按钮，然后单击【确定】按钮，进入草图绘制界面。

(2) 如图 5.2.1 所示，在前视基准面上绘制草图 1；单击【拉伸凸台/基体】图标，在上视基准面上绘制草图 2；单击【旋转凸台/基体】图标，生成如图 5.2.2 所示实体。

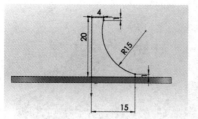

图 5.2.1　绘制草图 2　　　　　　　　　图 5.2.2　旋转实体

(3) 如图 5.2.3 和图 5.2.4 所示，在上视基准面上绘制草图 3。

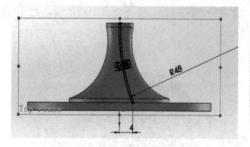

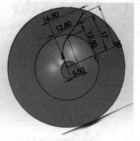

图 5.2.3　绘制草图 3(侧视)　　　　　　图 5.2.4　绘制草图 4(俯视)

(4) 单击【扫描】图标 ，选择草图 3 为扫描轮廓，草图 4 为扫描路径，参数设置如图 5.2.5 所示，扫描生成如图 5.2.6 所示实体；在上视基准面上绘制草图，如图 5.2.7 所示；单击【旋转切除】图标 ，旋转轴为中轴线，旋转角度为"360°"，旋转切除参数设置如图 5.2.8 所示；经过旋转生成如图 5.2.9 所示实体。

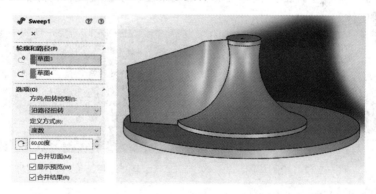

图 5.2.5　扫描参数　　　　　　　图 5.2.6　扫描实体

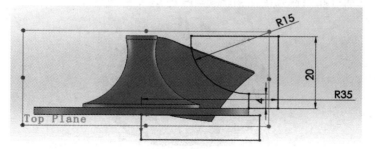

图 5.2.7　绘制草图

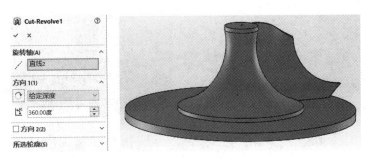

図 5.2.8　设置草图参数　　　　　图 5.2.9　旋转实体

(5) 单击【圆周阵列】图标，设置阵列参数，按图 5.2.10 所示，选择特征；阵列后生成如图 5.2.11 所示实体。

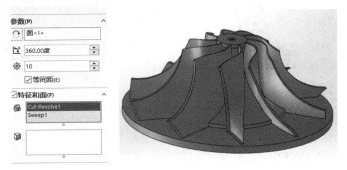

図 5.2.10　设置阵列参数　　　　図 5.2.11　圆周阵列实体

(6) 如图 5.2.12 所示，在上视基准面上绘制草图；单击【旋转切除】图标，生成如图 5.2.13 所示实体。

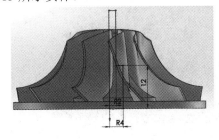

图 5.2.12　绘制草图　　　　　　図 5.2.13　旋转切除实体

(7) 设置圆角特征。

至此，涡轮机叶轮建模完毕，如图 5.2.14 所示。

图 5.2.14　工作叶轮

2. 涡轮机壳体的建模

(1) 启动 SolidWorks 软件，单击【新建】图标，在【新建】对话框中选中【零件】按钮，然后单击【确定】按钮，进入草图绘制界面。如图 5.2.15 所示，取前视基准面按照规定尺寸绘制草图，单击【拉伸凸台/基体】图标；然后在生成实体表面绘制草图，单击【拉伸切除】图标，再单击【圆角】图标，按如图 5.2.16 所示设置圆角项目和参数。生成拉伸实体如图 5.2.17 所示。

图 5.2.15　绘制草图　　　图 5.2.16　设置圆角参数　　　图 5.2.17　圆角特征

(2) 在切除后的平面绘制草图，再对草图进行拉伸，并设置两个圆角特征，生成的拉伸实体如图 5.2.18 所示；在顶面处绘制草图，如图 5.2.19 所示；单击【拉伸切除】图标，切除后的实体如图 5.2.20 所示。

图 5.2.18　拉伸实体　　　图 5.2.19　绘制草图　　　图 5.2.20　切除实体

(3) 在前视基准面上绘制与背面相同大小圆的草图，单击【拉伸凸台/基体】图标，厚度设置为 1 mm，在其平面上绘制同心圆草图，直径设置为"33 mm"，单击【拉伸切除】图标，生成的实体如图 5.2.21 所示。

 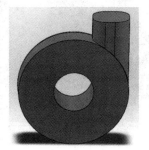

(a) 拉伸实体　　　　　　(b) 切除实体

图 5.2.21　拉伸、切除实体

(4) 如图 5.2.22 所示，单击【抽壳】图标 ，设置厚度为"3 mm"，选择相应平面。抽壳后效果如图 5.2.23 所示。

图 5.2.22　设置抽壳参数　　　　　图 5.2.23　抽壳实体

(5) 在前视基准面上绘制草图，单击【拉伸凸台/基体】图标 ，拉伸后实体如图 5.2.24 所示。然后再选择草图，单击【拉伸切除】图标 ，切除后实体如图 5.2.25 所示。

图 5.2.24　拉伸实体　　　　　图 5.2.25　切除实体

(6) 在前视基准面上绘制草图，再单击【拉伸凸台/基体】图标 ，拉伸后实体如图 5.2.26 所示；对拉伸后的半圆设置圆角特征，如图 5.2.27 所示。

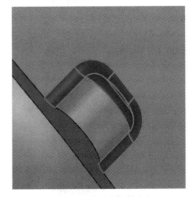

图 5.2.26　拉伸实体　　　　　图 5.2.27　圆角特征

(7) 在前视基准面上绘制草图，再单击【拉伸切除】图标 ，拉伸后的实体如图 5.2.28

所示；在其顶部绘制草图并进行拉伸，拉伸后再设置圆角特征，如图 5.2.29 所示。

图 5.2.28　拉伸实体

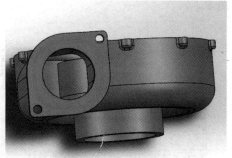
图 5.2.29　圆角特征

(8) 在涡轮机壳体进气口处绘制草图，单击【拉伸凸台/基体】图标，对拉伸后的实体设置圆角。

至此，涡轮机壳体的建模完成，如图 5.2.30 所示。

图 5.2.30　涡轮机壳体

3. 压气机壳体的建模

(1) 启动 SolidWorks 软件，单击【新建】图标，在【新建】对话框中选中【零件】按钮，然后单击【确定】按钮，进入草图绘制界面。如图 5.2.31 所示，在前视基准面上绘制草图，单击【拉伸凸台/基体】图标；在拉伸后的实体表面再绘制草图并拉伸，生成拉伸实体如图 5.2.32 所示。

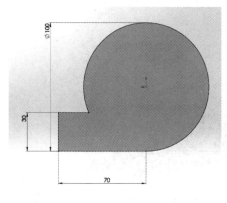
图 5.2.31　绘制草图

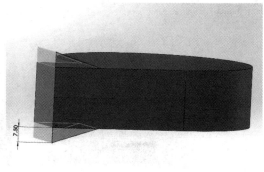
图 5.2.32　拉伸实体

(2) 选择上一步拉伸的端面绘制草图，单击【拉伸凸台/基体】图标█，生成拉伸实体，如图 5.2.33 所示。

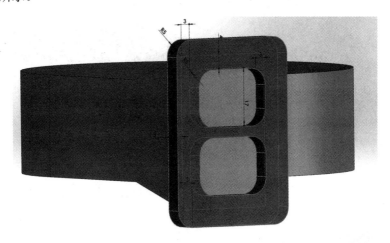

图 5.2.33　拉伸实体

(3) 设置如图 5.2.34 所示圆角特征。在实体的前视表面绘制草图，单击【拉伸凸台/基体】图标█，生成拉伸实体，如图 5.2.35 所示。

图 5.2.34　圆角特征　　　　　　　　　图 5.2.35　拉伸实体

(4) 在前视基准面上绘制草图，单击【拉伸切除】图标█，切除后实体如图 5.2.36 所示；再在切除后的实体内部圆表面绘制草图，单击【拉伸凸台/基体】图标█，拉伸后实体如图 5.2.37 所示。

图 5.2.36　切除实体　　　　　　　　　图 5.2.37　拉伸实体

(5) 将图 5.2.38 和 5.2.39 所示位置设置为圆角。

　　　　图 5.2.38　圆角特征 1　　　　图 5.2.39　圆角特征 2

(6) 在右视基准面上绘制草图，设置直径为 2 mm，如图 5.2.40 所示。单击【旋转切除】图标，旋转切除后如图 5.2.41 所示。

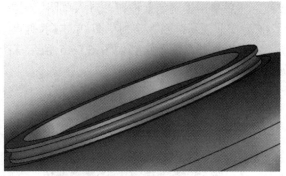

　　　图 5.2.40　绘制草图　　　　　　　图 5.2.41　切除实体

(7) 单击【抽壳】图标，设置抽壳参数如图 5.2.42 所示，厚度设置为 3 mm，生成抽壳的实体效果如图 5.2.43 所示。

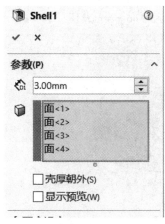
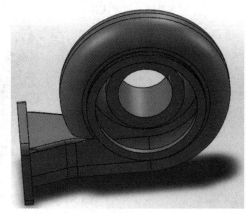

　　　图 5.2.42　设置抽壳参数　　　　　图 5.2.43　抽壳实体

(8) 设置圆角特征，如图 5.2.44 所示。

至此，压气机壳体建模完成。

图 5.2.44　圆角特征

4. 转轴与涡轮的建模

(1) 启动 SolidWorks 软件，单击【新建】图标，在【新建】对话框中选中【零件】按钮，然后单击【确定】按钮，进入草图绘制界面。

(2) 在前视基准面上绘制草图，单击【拉伸凸台/基体】图标，拉伸后的实体如图 5.2.45 所示；在上视基准面上绘制如图 5.2.46 所示草图，单击【旋转凸台/基体】图标，生成如图 5.2.47 所示实体。

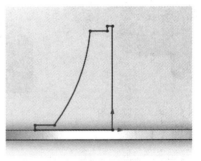

图 5.2.45　拉伸实体　　　　　　　图 5.2.46　绘制草图

图 5.2.47　旋转实体

(3) 在前视基准面上绘制草图 3，如图 5.2.48 所示；在前视基准面上绘制草图 4，如图 5.2.49 所示。单击【扫描】图标，选择草图 3 为扫描轮廓，草图 4 为扫描路径，其他项设置如图 5.2.50 所示，扫描后的实体如图 5.2.51 所示；再在上视基准面上绘制草图，单击【旋转切除】图标，生成如图 5.2.52 所示切除实体。

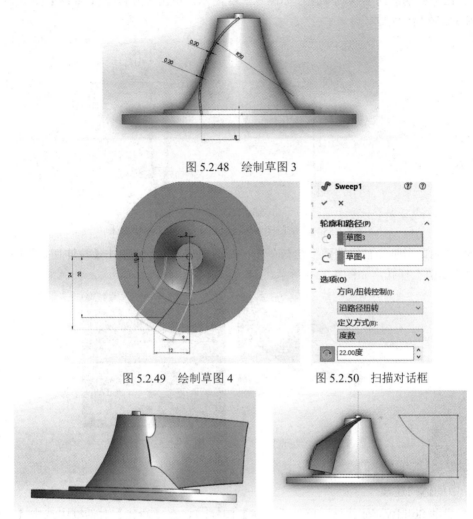

图 5.2.48　绘制草图 3

图 5.2.49　绘制草图 4

图 5.2.50　扫描对话框

图 5.2.51　扫描实体

图 5.2.52　切除实体

(4) 单击【圆周阵列】图标👍，设置参数，选择特征，阵列后实体如图 5.2.53 所示。阵列参数设置如图 5.2.54 所示。

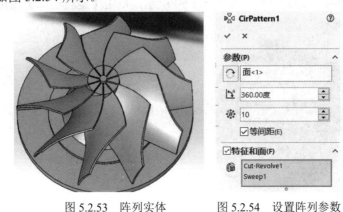

图 5.2.53　阵列实体

图 5.2.54　设置阵列参数

(5) 在上视基准面上绘制草图，如图 5.2.55 所示；单击【旋转凸台/基体】图标🐌，生成如图 5.2.56 所示实体。

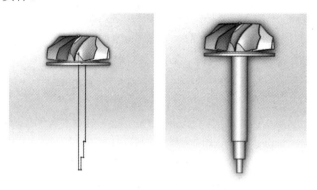

图 5.2.55　绘制草图　　　　　图 5.2.56　旋转实体

(6) 在第二个阶梯轴的端面上绘制草图，如图 5.2.57 所示；单击【拉伸切除】图标🔲，在顶端的端面上打孔，如图 5.2.58 所示。

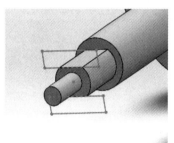

图 5.2.57　绘制草图　　　　　图　5.2.58 切除实体

至此，转轴与涡轮的建模完成。

5. 中间体的建模

(1) 启动 SolidWorks 软件，单击【新建】图标🗋，在【新建】对话框中选中【零件】按钮，然后单击【确定】按钮，进入草图绘制界面。

(2) 在前视基准面上绘制草图，单击【拉伸凸台/基体】图标🗐，拉伸后的实体如图 5.2.59 所示；在右视基准面上绘制草图，如图 5.2.60 所示，单击【旋转切除】图标🗑，切除后的实体如图 5.2.61 所示。

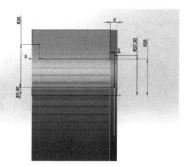

图 5.2.59　拉伸实体　　　　　图 5.2.60　绘制草图

图 5.2.61　切除实体

(3) 在右视基准面上绘制草图，单击【筋】图标 🦴，设置特征参数如图 5.2.62 所示，生成的实体如图 5.2.63 所示。

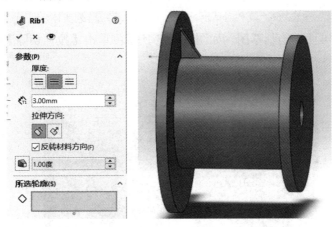

图 5.2.62　筋 1 对话框　　　　　　　图 5.2.63　生成筋 1

(4) 同样，在右视基准面另一侧绘制草图，单击【筋】图标 🦴，设置特征参数如图 5.2.64 所示，生成的实体如图 5.2.65 所示。

图 5.2.64　筋 2 对话框　　　　　　　图 5.2.65　生成筋 2

(5) 单击【圆周阵列】图标❖，设置参数，选择特征 Rib1 和 Rib2，编辑过程如图 5.2.66 所示。阵列后的实体如图 5.2.67 所示。

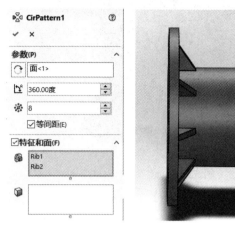

图 5.2.66　阵列对话框　　　　图 5.2.67　阵列实体

(6) 在右视基准面上绘制草图，如图 5.2.68 所示；单击【拉伸切除】图标 ⬛，选择完全贯穿，拉伸切除后的实体如图 5.2.69 所示。

图 5.2.68　绘制草图　　　　图 5.2.69　切除实体

(7) 在切除后的槽内一侧表面绘制草图，如图 5.2.70 所示；单击【拉伸切除】图标 ⬛，拉伸切除后的效果如图 5.2.71 所示。

图 5.2.70　绘制草图　　　　图 5.2.71　切除实体

(8) 设置两个倒角特征，如图 5.2.72 所示。

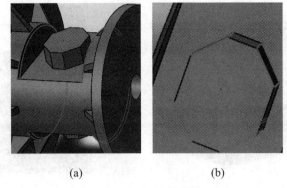

(a)　　　　　　　　　　(b)

图 5.2.72　生成倒角

(9) 设置一个圆角特征，设置过程如图 5.2.73 所示。生成圆角后的效果如图 5.2.74 所示。

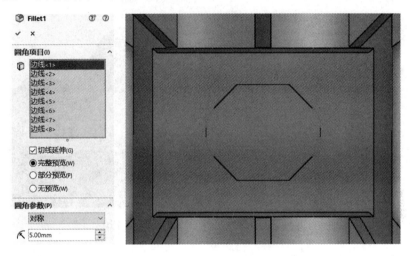

图 5.2.73　圆角对话框　　　　　　　图 5.2.74　生成圆角

(10) 在设置圆角的实体上表面绘制草图，单击【拉伸切除】图标🔲，切除效果如图 5.2.75 所示；再在前视基准面上绘制草图，单击【拉伸凸台/基体】图标🔲，拉伸后的实体如图 5.2.76 所示。

图 5.2.75　切除实体　　　　　　　图 5.2.76　拉伸实体

(11) 在拉伸实体表面绘制草图，单击【拉伸切除】图标🔲，切除后的实体如图 5.2.77 所示；再在另一端进行旋转切除，生成实体如图 5.2.78 所示。

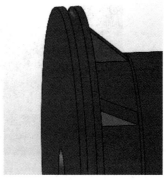

图 5.2.77　切除实体　　　　　　图 5.2.78　旋转切除实体

(12) 设置两个圆角特征，如图 5.2.79 所示。

(a)　　　　　　　　　　　　　　　(b)

图 5.2.79　生成圆角

至此，中间体建模完成。

5.3　进排气管的建模

内燃机进气管是将内燃机燃烧需要的气体导入机器内部的气管；内燃机排气管是将内燃机燃烧后的高温气体排出机器的气管。

进排气管的建模方法如下。

1. 与消声器直接相连的排气管的建模

(1) 启动 SolidWorks 软件，单击【新建】图标，在【新建】对话框中选中【零件】按钮，然后单击【确定】按钮，进入草图绘制界面。

(2) 在上视基准面上绘制如图 5.3.1 所示的草图，单击【拉伸凸台/基体】图标，生成与消声器连接部分基座；再在生成实体的表面绘制草图，单击【拉伸切除】图标，生成如图 5.3.2 所示圆孔。

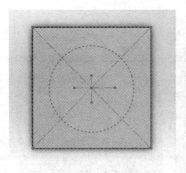
图 5.3.1 绘制草图

图 5.3.2 切除实体

(3) 单击选项【插入】—【特征】—【螺旋线】，在圆孔内插入螺旋线，如图 5.3.3 所示；然后单击【镜像】图标 ，依次选择前视基准面和右视基准面为镜像平面，镜像后的实体特征如图 5.3.4 所示。

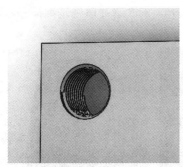
图 5.3.3 插入螺旋线

图 5.3.4 镜像实体

(4) 在正方形板的下底面上绘制草图，单击【拉伸凸台/基体】图标 ，生成圆柱体，在圆柱体底面绘制草图；单击【拉伸凸台/基体】图标 ，生成圆盘连接座，如图 5.3.5 所示；再在圆盘连接座上绘制草图，单击【拉伸切除】图标 ，生成如图 5.3.6 所示的连接孔。

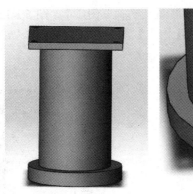
图 5.3.5 拉伸实体

图 5.3.6 连接孔

(5) 如图 5.3.7 所示，单击【拉伸凸台/基体】图标 ，将生成孔的草图进行双向拉伸，并设计螺旋线；然后单击【镜像】图标 ，依次选择前视基准面和右视基准面为镜像平面，镜像后的实体特征如图 5.3.8 所示。

图 5.3.7　拉伸实体　　　　　　　　　　　图 5.3.8　镜像实体

(6) 在螺柱两侧表面绘制六边形草图，单击【拉伸凸台/基体】图标■，生成如图 5.3.9 所示的螺柱与螺母；然后单击【镜像】图标■■，依次选择前视基准面和右视基准面为镜像平面，镜像后的实体特征如图 5.3.10 所示。

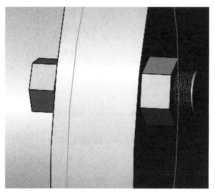

图 5.3.9　拉伸实体　　　　　　　　　　　图 5.3.10　镜像实体

(7) 在距离上视基准面 190 mm 处建立草图基准面，绘制草图并单击【拉伸切除】图标■，生成如图 5.3.11 所示间隙；在右视基准面上绘制草图 1，如图 5.3.12 所示；在圆盘基座上绘制草图 2，如图 5.3.13 所示；单击【扫描】图标■，以草图 1 为扫描轮廓，草图 2 为扫描路径，扫描后的实体如图 5.3.14 所示。

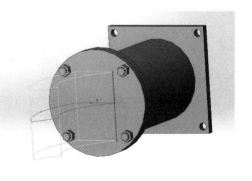

图 5.3.11　生成间隙　　　　图 5.3.12　绘制草图 1　　　　　图 5.3.13　绘制草图 2

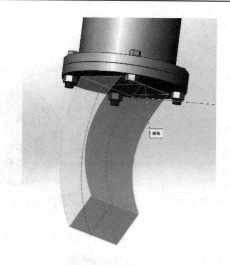

图 5.3.14　扫描后的实体

(8) 在扫描后的实体各面之间设置圆角特征，如图 5.3.15 所示；在前视基准面上绘制草图，单击【拉伸凸台/基体】图标⬕，设置双向拉伸，生成实体如图 5.3.16 所示。

图 5.3.15　设置圆角

图 5.3.16　拉伸实体

(9) 在生成的圆柱体表面绘制草图，单击【拉伸切除】图标⬚，生成实体如图 5.3.17 所示；设置圆角特征，如图 5.3.18 所示。

图 5.3.17　切除实体

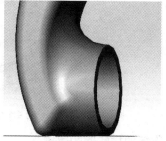

图 5.3.18　设置圆角

(10) 在上表面绘制草图 3，如图 5.3.19 所示；单击【拉伸切除】图标⬚，生成切除实体如图 5.3.20 所示；在拉伸切除后的内部底面绘制草图 4，如图 5.3.21 所示；在右视基准面上绘制草图 5，如图 5.3.22 所示；单击【扫描切除】图标⬚，以草图 4 为扫描轮廓，草图

5 为扫描切除路径，得到如图 5.3.23 所示实体特征。

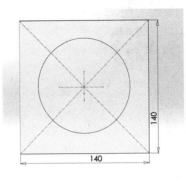

图 5.3.19　绘制草图 3

图 5.3.20　切除实体

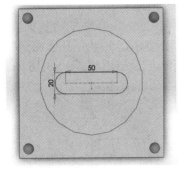

图 5.3.21　绘制草图 4

图 5.3.22　绘制草图 5

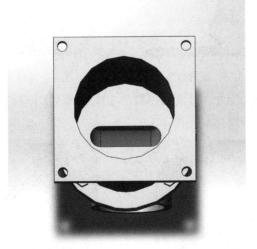

图 5.3.23　切除实体

2. 与缸体连接的排气管的建模

(1) 启动 SolidWorks 软件，单击【新建】图标，在【新建】对话框中选中【零件】按钮，然后单击【确定】按钮，进入草图绘制界面。

(2) 在上视基准面上绘制草图，单击【拉伸凸台/基体】图标，生成实体如图 5.3.24 所示；在其表面绘制草图，单击【拉伸切除】图标，再单击【镜像】图标，依次选择前视基准面和右视基准面为镜像平面,镜像后实体特征如图 5.3.25 所示。

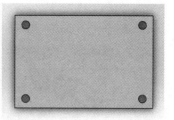

图 5.3.24　拉伸实体　　　　　　图 5.3.25　镜像实体

　(3) 设置圆角特征,如图 5.3.26 所示;在上视基准面上绘制草图,单击【拉伸切除】图标▣,生成实体特征如图 5.3.27 所示。

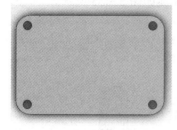

图 5.3.26　设置圆角　　　　　　图 5.3.27　切除实体

　(4) 在上视基准面上绘制圆形草图,单击【拉伸凸台/基体】图标▣,生成拉伸实体 1,如图 5.3.28 所示;在右视基准面上绘制草图,再进行拉伸操作,生成拉伸实体 2,如图 5.3.29所示。

图 5.3.28　拉伸实体 1　　　　　　图 5.3.29　拉伸实体 2

　(5) 绘制如图 5.3.30 所示草图,单击【旋转】图标▧,生成实体如图 5.3.31 所示。

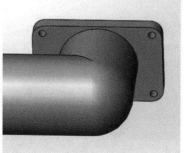

图 5.3.30　绘制草图　　　　　　图 5.3.31　旋转实体

(6) 建立草图基准面 1, 如图 5.3.32 所示; 再在其上绘制草图 24, 如图 5.3.33 所示。

图 5.3.32　建立基准面　　　　　图 5.3.33　绘制草图

(7) 单击【扫描】图标 🪱, 选择直径 65 mm 的圆为扫描轮廓, 以草图 5.3.33 为扫描路径, 设置扫描参数如图 5.3.34 所示。扫描后实体如图 5.3.35 所示。

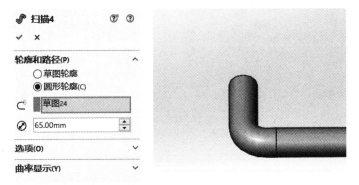

图 5.3.34　【扫描】对话框　　　　　图 5.3.35　扫描实体

(8) 建立草图基准面 2, 如图 5.3.36 所示, 绘制草图; 单击【拉伸凸台/基体】图标 🧱, 生成实体如图 5.3.37 所示。

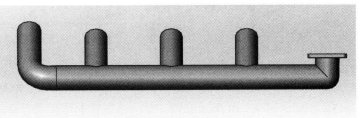

图 5.3.36　建立基准面 2　　　　　图 5.3.37　拉伸实体

(9) 进行抽壳操作, 生成实体如图 5.3.38 所示。

图 5.3.38　抽壳实体

(10) 设置圆角特征，如图 5.3.39 所示。

图 5.3.39　生成圆角

至此，与气缸盖相连的一段排气管建模完成，如图 5.3.40 所示。

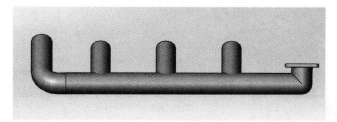

图 5.3.40　与气缸盖相连的一段排气管

3. 进气管的建模

(1) 在上视基准面上绘制草图，单击【拉伸凸台/基体】图标 📷，生成实体如图 5.3.41 所示；在右视基准面上绘制草图，拉伸后得到如图 5.3.42 所示实体。

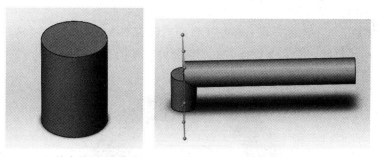

图 5.3.41　拉伸实体(上视基准面)　　　图 5.3.42　拉伸实体(右视基准面)

(2) 在右视基准面上绘制草图，单击【旋转】图标 🌀，生成实体如图 5.3.43 所示；单击【抽壳】图标 📦，生成实体如图 5.3.44 所示。

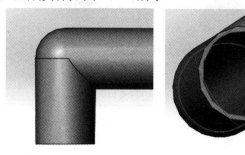

图 5.3.43　旋转实体　　　　图 5.3.44　抽壳实体

(3) 建立草图基准面，如图 5.3.45 所示；单击【镜像】图标 ┣┣，选择特征，镜像后实体特征如图 5.3.46 所示。

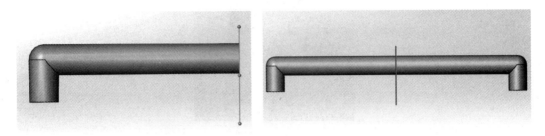

图 5.3.45　建立基准面　　　　　　　　图 5.3.46　镜像实体

至此，主管道建模完成，如图 5.3.47 所示。

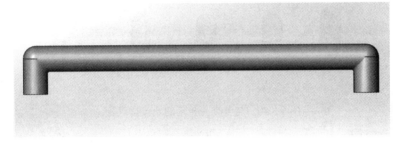

图 5.3.47　主管道

3. 橡胶圈的建模

(1) 设置橡胶圈的材料为橡胶。

(2) 在前视基准面上绘制草图；单击【拉伸凸台/基体】图标 🔲，在拉伸后的前表面绘制草图；再单击【拉伸切除】图标 🔲，生成橡胶圈，如图 5.3.48 所示。

图 5.3.48　切除实体

4. 橡胶软管的建模

(1) 设置橡胶软管的材料为橡胶。

(2) 在前视基准面绘制草图；单击【拉伸凸台/基体】图标 🔲，在拉伸后的前表面绘制草图；再单击【拉伸切除】图标，在外表面绘制螺旋线。生成的橡胶软管如图 5.3.49 所示。

图 5.3.49　切除实体

5. 进气管的装配

单击【新建】图标，在【新建】对话框中选中【装配体】按钮，单击【确定】按钮；再单击【插入零部件】，插入所建好的相关零件及装配体；单击【配合】图标，并按要求对各个零件进行装配。

进气管装配体如图 5.3.50 所示。

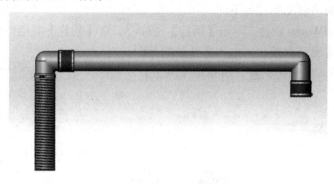

图 5.3.50　进气管装配体

第6章　道依茨柴油机模型的装配

通常一个设备是由多个零部件组成的,当把该设备所有的零部件进行三维建模后,就需要按照一定的工艺将它们组合在一起,构成完整的设备,这个过程称为装配。

6.1　曲柄连杆机构的装配

曲柄连杆机构装配的主要零件包括:活塞、连杆、曲轴等。

曲柄连杆机构的装配步骤如下:

(1) 启动 SolidWorks 软件,单击【新建】图标 ,在【新建】对话框中选中【装配体】按钮,然后单击【确定】按钮,进入零件装配界面。

(2) 单击【插入零部件】 ,再单击【浏览】,选择插入"曲轴""连杆""活塞",如图 6.1.1 所示。

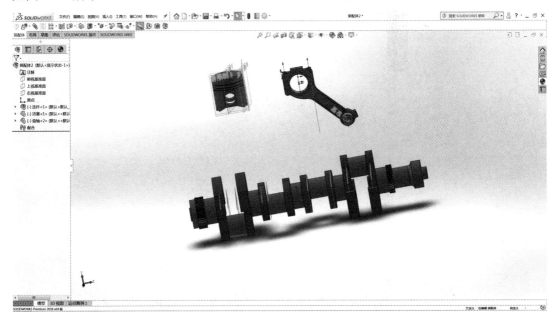

图 6.1.1　选择装配零件

(3) 单击【配合】图标 ,选择曲轴圆柱面和连杆对应圆柱面,如图 6.1.2 所示;在左侧窗口选择标准配合"同轴心" ,配合结果如图 6.1.3 所示。

图 6.1.2　连杆、曲轴配合过程　　　　　图 6.1.3　连杆、曲轴配合结果

(4) 重复类似上一步操作，选取活塞销圆柱面和活塞圆柱面为配合曲面，如图 6.1.4 所示；在左侧窗口选择标准配合"同轴心"⊙，配合结果如图 6.1.5 所示。

图 6.1.4　活塞、活塞销配合过程　　　　　图 6.1.5　活塞、活塞销配合结果

(5) 单击【配合】图标◎，选择如图 6.1.6 所示活塞销端和活塞销座孔两个平面，选择"距离配合"⊞，距离设置为 4.00 mm。

图 6.1.6　活塞销端和活塞销座孔两个平面配合过程　图 6.1.7　活塞销端和活塞销座孔两个平面配合结果

(6) 重复前几步操作，装配其余连杆与活塞，如图 6.1.8 所示。对称侧的连杆通过选择"配合对齐"⊞方式来调整到需要的装配位置。

图 6.1.8　活塞、连杆和曲轴配合结果

(7) 单击【插入零部件】—【浏览】，选择插入"气缸体"；单击【配合】图标✐，选择曲轴圆柱面和气缸体对应圆柱面，如图 6.1.9 所示；在左侧窗口选择标准配合"同轴心"⊚，配合结果如图 6.1.10 所示。

图 6.1.9 曲轴、气缸体对应圆柱面配合过程 图 6.1.10 曲轴、气缸体对应圆柱面配合结果

(8) 单击【配合】图标✐，选择曲轴上齿轮中间侧平面和气缸体一端平面两个平面，如图 6.1.11 所示；选择【重合】图标人，配合结果如图 6.1.12 所示。

图 6.1.11 曲轴配合过程 图 6.1.12 曲轴配合结果

(9) 单击【配合】图标✐，选择活塞圆柱面和气缸体孔柱面，如图 6.1.13 所示；在左侧窗口选择标准配合【同轴心】图标⊚，配合结果如图 6.1.14 所示。

选中气缸体，单击鼠标右键，选择"固定"，使气缸体固定；采用同样方法，选中"曲轴"和"浮动"。

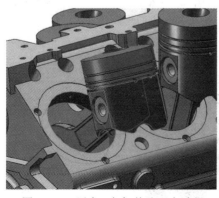

图 6.1.13 活塞、气缸体孔配合过程 图 6.1.14 活塞、气缸体孔配合结果

(10) 单击【插入零部件】—【浏览】，选择插入"飞轮"；单击【配合】图标🖇，选择曲轴圆柱面和飞轮中心轴孔，如图 6.1.15 所示；在左侧窗口选中标准配合【同轴心】图标◎，接着选择飞轮和曲轴如图 6.1.16 所示面；然后选择图 6.1.17 所示平面，再选择【重合】图标⊼，完成飞轮的装配，如图 6.1.18 所示。

图 6.1.15　选择曲轴圆柱面和飞轮中心轴孔　　图 6.1.16　选择飞轮和曲轴

图 6.1.17　飞轮和曲轴配合过程　　　　图 6.1.18　飞轮和曲轴配合结果

6.2　配气机构的装配

配气机构装配的主要零件包括：凸轮轴、气门、挺柱和摇臂等。

配气机构的装配步骤如下：

(1) 单击【插入零部件】—【浏览】，选择插入"气缸盖""气缸套"，如图 6.2.1 所示。

图 6.2.1　选择装配零件

(2) 单击【配合】图标✐，选择气缸套平面与机体侧表面，如图 6.2.2 所示，再选择【重合】图标✕；接着选择气缸套圆柱面和活塞对应圆柱面，如图 6.2.3 所示，在左侧窗口选择标准配合"同轴心"◎配合；最后选择机体端面和气缸套侧面进行"平行"◥配合，如图 6.2.4 所示。完成气缸套的装配，如图 6.2.5 所示。

图 6.2.2　选择气缸套平面与机体侧表面　图 6.2.3　选择气缸套圆柱面和活塞对应圆柱面

图 6.2.4　机体端面和气缸套侧面配合过程　　图 6.2.5　单个气缸套和机体配合结果

重复上述操作，完成其余气缸套的装配，如图 6.2.6 所示。

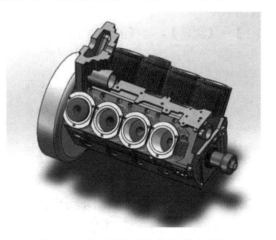

图 6.2.6　所有气缸套和机体配合结果

(3) 单击【插入零部件】—【浏览】，选择插入"挺柱"；单击【配合】图标🖇，选择机体小孔和挺柱圆柱面，如图 6.2.7 所示；在左侧窗口选择标准配合"同轴心"◎，配合结果如图 6.2.8 所示。

图 6.2.7　选择机体小孔和挺柱圆柱面　　图 6.2.8　机体小孔和挺柱圆柱面配合结果

(4) 单击【插入零部件】—【浏览】，选择插入"凸轮"；再选择机体和凸轮如图 6.2.9 所示圆柱面，单击"同轴心"◎配合，如图 6.2.10 所示。

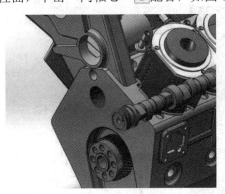 

图 6.2.9　机体圆柱面和凸轮配合过程　　图 6.2.10　机体圆柱面和凸轮配合结果

(5) 选择机体和凸轮端面，如图 6.2.11 所示；选择"距离配合"，距离设置 17.00 mm。配合结果如图 6.2.12 所示。

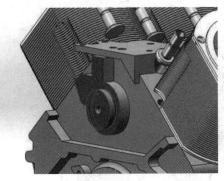 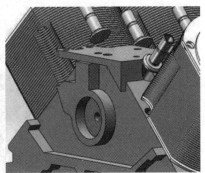

图 6.2.11　机体、凸轮端面　　　　图 6.2.12　机体、凸轮端面配合结果

(6) 选择机体，单击鼠标右键将机体隐藏，如图 6.2.13 所示；隐藏机体效果图如图 6.2.14

所示,再进行凸轮和挺柱的装配。

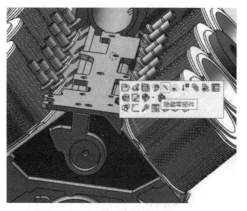

图 6.2.13 隐藏机体

图 6.2.14 隐藏机体效果图

(7) 单击【插入零部件】—【浏览】,选择插入"挺柱";再单击【配合】图标✐,选择挺柱底面和凸轮外表面,如图 6.2.15 所示;选择"机械配合"中的"凸轮"配合,如图 6.2.16 所示。

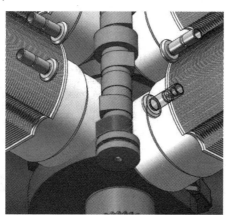

图 6.2.15 选择挺柱底面和凸轮外表面

图 6.2.16 【配合选择】对话框

重复上述操作,完成所有挺柱的装配,配合结果如图 6.2.17 所示。

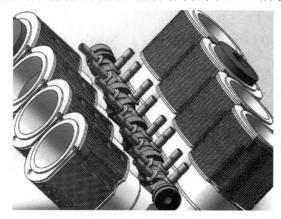

图 6.2.17 所有挺柱配合结果

(8) 单击【插入零部件】—【浏览】，选择插入"推杆"；单击【配合】图标◎，选择挺柱和推杆外圆柱表面，如图 6.2.18 所示，选择"同轴心"◎配合；选择推杆一端球面和挺柱球面，如图 6.2.19 所示，选择"同轴心"◎配合。

图 6.2.18　选择挺柱和推杆外圆柱表面　图 6.2.19　选择推杆一端球面和挺柱球面

重复上述操作，完成所有推杆的装配，如图 6.2.20 所示。

图 6.2.20　所有推杆配合结果

(9) 单击【插入零部件】—【浏览】，选择插入"摇臂"；单击【配合】图标◎，选择推杆和摇臂球面，如图 6.2.21 所示，选择"同轴心"◎配合；选择摇臂侧面与曲轴端面，如图 6.2.22 所示，选择"平行"◎配合。

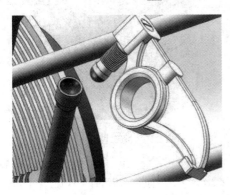 

图 6.2.21　选择推杆和摇臂球面配合过程　图 6.2.22　选择摇臂侧面与曲轴端面配合过程

重复上述操作，完成所有摇臂的装配，如图 6.2.23 所示。

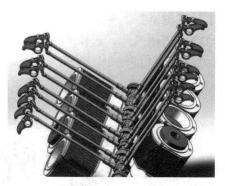

图 6.2.23　所有摇臂装配结果

(10) 单击【插入零部件】—【浏览】，选择插入"摇臂轴"；单击【配合】图标✎，选择摇臂轴和曲轴面，如图 6.2.24 所示，选择"平行"◲配合；选择摇臂轴侧面与摇臂孔面，如图 6.2.25 所示，选择"同轴心"◎配合。

图 6.2.24　选择摇臂轴和曲轴面　　　图 6.2.25　选择摇臂轴侧面与摇臂孔面

重复上述操作，完成所有摇臂的装配，如图 6.2.26 所示。选中两个摇臂轴隐藏，如图 6.2.27 所示。

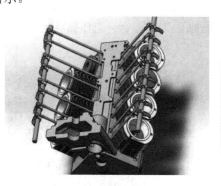

图 6.2.26　所有摇臂配合结果　　　　图 6.2.27　隐藏两个摇臂轴

(11) 单击【插入零部件】—【浏览】，选择插入"气缸盖罩臂"，单击【配合】图标✎，选择气缸盖底面与气缸套端面，如图 6.2.28 所示；选择"重合"⼈配合，再选择气缸盖侧面与气缸套侧面，如图 6.2.29 所示，点选"重合"⼈配合；选择气缸盖侧面与推杆，点选"距离"▯1 配合，距离设为 15.00 mm，如图 6.2.30 所示。

图 6.2.28　选择气缸盖底面与气缸套端面　　图 6.2.29　选择气缸盖侧面与气缸套侧面

图 6.2.30　选择气缸盖侧面与推杆　　　　图 6.2.31　所有气缸盖配合结果

重复上述操作，装配完所有气缸盖，如图 6.2.31 所示。

(12) 单击【插入零部件】—【浏览】，选择插入"排气门""进气门"；单击【配合】图标✎，选择推杆侧面与进、排气门杆身侧面，如图 6.2.32 所示，选择"平行"配合◎；选择摇臂边线与进、排气门杆身顶面，如图 6.2.33 所示，选择"重合" 人配合。

 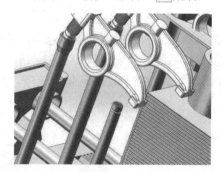

图 6.2.32　选择推杆侧面与进、排气门杆身侧面　图 6.2.33　选择摇臂边线与进、排气门杆身顶面

重复以上操作，完成所有进、排气门的装配。

(13) 单击【插入零部件】—【浏览】，选择插入"气缸盖罩"；单击【配合】图标✎，选择气缸盖顶面与气缸盖罩底面，如图 6.2.34 所示，选择"重合" 人配合；选择气缸盖与气缸盖罩侧圆柱面，如图 6.2.35 所示，选择"同轴心" ◎配合；选择气缸盖另一侧面与气缸盖罩另一侧面，选择"平行" ◎配合，如图 6.2.36 所示。

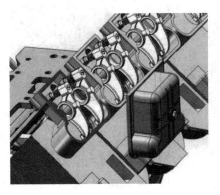
图 6.2.34　选择气缸盖顶面与气缸盖罩底面

图 6.2.35　选择气缸盖与气缸盖罩侧圆柱面

图 6.2.36　选择气缸盖另一侧面与气缸盖罩另一侧面

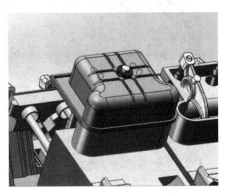
图 6.2.37　气缸盖罩配合结果

重复以上操作，完成所有气缸盖罩的装配。

6.3　燃油供给系统的装配

燃油供给系统装配的主要零件包括：喷油泵、喷油器、燃油滤清器等。

燃油供给系统的装配步骤如下：

(1) 新建文件，选择【装配体】选项，如图 6.3.1 所示。

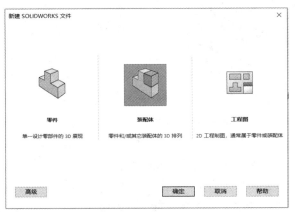

图 6.3.1　选择装配体

(2) 单击【插入零部件】，选择"壳体和主动齿轮"，如图 6.3.2 所示；单击【配合】图标✎，使高压油泵与机体平行，然后固定高压油泵，高压油泵底面与机体顶部重合，如图 6.3.3 所示。

图 6.3.2　使高压油泵与机体平行

图 6.3.3　高压油泵底面与机体顶部重合

(3) 单击【插入零部件】，选择"喷油器"，如图 6.3.4 所示；单击【配合】图标✎，使喷油器与喷油口同轴心，喷油器侧面与喷油口侧面重合，固定喷油器，如图 6.3.5 所示。

图 6.3.4　选择喷油器

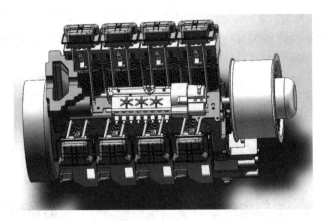

图 6.3.5　固定喷油器

(4) 单击【插入零部件】，选择"燃油滤清器"，如图 6.3.6 所示；单击【配合】图标✎，使两个燃油滤清器出油口与油底壳侧面平行，再使两个燃油滤清器和油底壳结合，如图 6.3.7 所示。

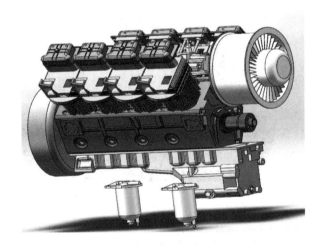

图 6.3.6　选择燃油滤清器

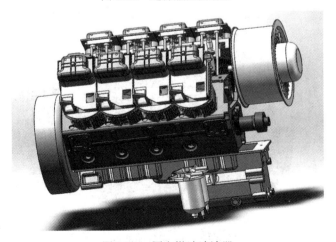

图 6.3.7　固定燃油滤清器

6.4　润滑系统的装配

润滑系统装配的主要零件包括：机油滤清器、油底壳等。

润滑系统的装配步骤如下：

(1) 单击【插入零部件】—【浏览】，选择插入"油底壳"；单击【配合】图标，选择油底壳上表面与机体下表面，如图 6.4.1 所示，选择"重合"；选择机体端面与油底壳端面，如图 6.4.2 所示，选择"重合"，将油底壳放到对称位置，使其"固定"。

图 6.4.1　选择油底壳上表面与机体下表面　　　　图 6.4.2　固定油底壳

(2) 单击【插入零部件】—【浏览】，选择插入"齿轮箱"；单击【配合】图标，选择齿轮箱侧面与机体端面，如图 6.4.3 所示，单击"重合"配合；选择油底壳上表面与齿轮箱底面，单击"重合"配合，将齿轮箱左右平移到对称位置，并使其固定，如图 6.4.4 所示。

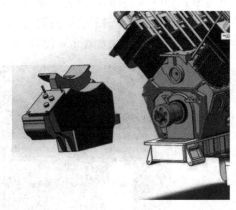

图 6.4.3　选择齿轮箱侧面与机体端面　　　　图 6.4.4　固定齿轮箱

(3) 单击【插入零部件】—【浏览】，选择插入"机油滤清器""机滤盖"，如图 6.4.5 所示；单击【配合】图标，选择机滤圆柱面与机滤盖对应接头处圆柱面，如图 6.4.6 所示，单击"同轴心"配合；选择机滤上表面与机滤盖接头对应面，如图 6.4.7 所示，使其"重合"配合，配合结果如图 6.4.8 所示。

图 6.4.5　插入零部件

图 6.4.6　选择机滤圆柱面与机滤盖对应接头处圆柱面

图 6.4.7　选择机滤上表面与机滤盖接头对应面

图 6.4.8　机滤与机滤盖配合结果

(4) 单击【配合】图标◎，选择机滤盖表面与图 6.4.9 所示表面，使其"重合"配合；选择机滤盖端面与图 6.4.10 所示零件表面，单击"重合"配合；选择机滤盖圆柱面与零件边线，如图 6.4.11 所示，选择"相切"配合。机滤和机体配合结果如图 6.4.12 所示。

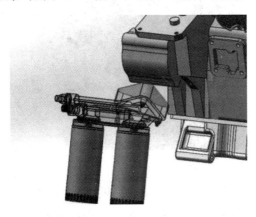

图 6.4.9　机滤盖表面与机体对应表面配合

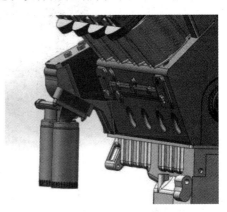

图 6.4.10　机滤盖端面与机体另一侧对应表面配合

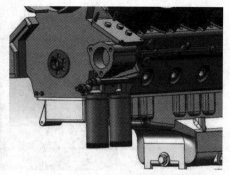

　　图 6.4.11　机滤盖圆柱面与机体边线配合　　　图 6.4.12　机滤与机体配合结果

6.5　冷却系统的装配

　　冷却系统装配的主要零件包括：冷却风扇、机油散热器等。

　　冷却系统的装配步骤如下：

　　(1) 单击【插入零部件】—【浏览】，选择插入"风扇""机油散热器"，如图 6.5.1 所示。

图 6.5.1　插入风扇、机油散热器

　　(2) 单击【配合】图标✎，选择风扇外圆柱面与下方圆弧面，如图 6.5.2 所示，在左侧窗口选择"同轴心"◎配合；选择风扇后端面与机体端面，单击"重合"配合，如图 6.5.3 所示。冷却风扇装配完成，如图 6.5.4 所示。

图 6.5.2　选择风扇外圆柱面与下方圆弧面　　图 6.5.3　选择风扇后端面与机体端面

图 6.5.4　风扇配合结果

(3) 单击【配合】图标✎，选择机油散热器上表面与连接件对应面，如图 6.5.5 所示，单击"重合"配合使两面重合；选择机油散热器上的螺杆与连接件螺孔，如图 6.5.6 所示，单击"同轴心"配合；选择如图 6.5.7 所示的两个平面，选择"重合"⬈配合，机油散热器的装配完成。

图 6.5.5　选择机油散热器上表面与连接件对应面

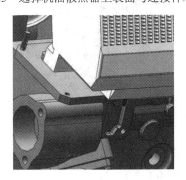

图 6.5.6　选择机油散热器上的螺杆与连接件螺孔

图 6.5.7　机油散热器配合结果

6.6　进排气系统的装配

进排气系统装配的主要零件包括：空气滤清器、废气涡轮增压器、进排气管等。

进排气系统的装配步骤如下。

1. 空气滤清器的装配

(1) 启动 SolidWorks 软件，单击【新建】图标 🗋，在【新建】对话框中选中【装配体】按钮，然后单击【确定】按钮，进入零件装配界面。

(2) 单击【插入零部件】，插入外壳和纸滤芯；单击【配合】图标 ✎，将外壳的轴和纸滤芯的轴孔进行同轴心配合；最后将外壳的内腔底部和纸滤芯的底部进行重合配合，如图 6.6.1 所示。

图 6.6.1　外壳和纸滤芯配合

(3) 单击【插入零部件】，插入滤芯；单击【配合】图标 ✎，将外壳的轴和纸滤芯的轴孔进行同轴心配合；最后将滤芯的底部与纸滤芯内腔底部进行重合配合，并将滤芯安装到纸滤芯内部，如图 6.6.2 所示。

图 6.6.2　滤芯和纸滤芯配合

(4) 单击【插入零部件】，插入底座；单击【配合】图标 ✎，将外壳的轴和底盖的轴孔进行同轴心配合；再将底盖平面与外壳端面进行重合配合。即完成空气滤清器的装配，如图 6.6.3 所示。

图 6.6.3 底盘和外壳配合

2. 涡轮增压器的装配

(1) 单击【新建】图标 📄，在【新建】对话框中选中【装配体】按钮，然后单击【确定】按钮。

(2) 单击【插入零部件】图标，选择转轴与涡轮和压气机叶轮，如图 6.6.4 所示；单击【配合】图标 🔗，使转轴与叶轮内孔同轴心配合。同时，使转轴第二节处边线与叶轮右表面孔底边重合，配合结果如图 6.6.5 所示。

 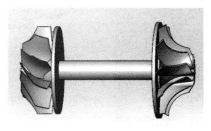

图 6.6.4 选择转轴与涡轮和压气机叶轮 图 6.6.5 转轴与涡轮和压气机叶轮配合结果

(3) 单击【插入零部件】，选择排气涡壳；单击【配合】图标 🔗，使涡壳的左表面与工作叶轮的右表面重合，如图 6.6.6 所示。插入压缩机壳体，使压缩机壳体的圆与转轴同轴心，如图 6.6.7 所示。

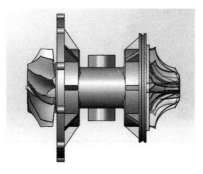 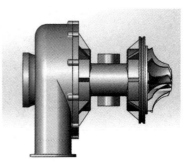

图 6.6.6 选择排气涡壳 图 6.6.7 压缩机壳体与排气涡壳配合

(4) 单击【插入零部件】，选择涡轮壳体；单击【配合】图标✎，设置涡轮壳体左端面与排气涡壳右端面重合。涡轮增压器配合结果如图 6.6.8 所示。

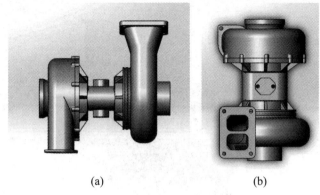

(a)　　　　　　　　　　　(b)

图 6.6.8　涡轮增压器配合结果

至此，涡轮增压器装配完成。

3. 进排气系统整体的装配

(1) 打开未装配排气系统的装配体，单击【插入零部件】，选择所建模型排气管 2；单击【配合】图标✎，如图 6.6.9 所示，使气缸排气出口与排气歧管进口一一对应后使之重合。

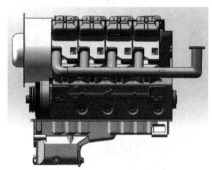

图 6.6.9　气缸排气出口和排气歧管进口配合

(2) 单击【插入零部件】，插入涡轮增压器；单击【配合】图标✎，使涡轮增压器的涡轮壳体的入口表面与排气歧管的出口表面重合，如图 6.6.10 所示。

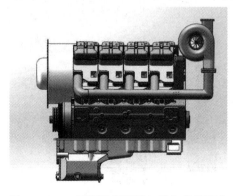

图 6.6.10　一侧涡轮增压器与排气歧管配合

(3) 单击【插入零部件】，插入排气管 1；单击【配合】图标✎，使排气管进口处与涡轮壳体出口处同轴心，并且内壁重合，如图 6.6.11 所示。

图 6.6.11　另一侧涡轮增压器与排气歧管配合

(4) 单击【插入零部件】，选择所建模型进气管；单击【配合】图标✎，使进气管出口处与涡轮壳体进气口处同轴心并重合，然后固定进气管，如图 6.6.12 所示。

图 6.6.12　进气管与涡轮增压器配合

(5) 单击【插入零部件】，选择装配完毕的模型空气滤清器；单击【配合】图标✎，使空气滤清器的出气口与进气管的进气管内壁重合，固定空气滤清器，如图 6.6.13 所示。

图 6.6.13　空气滤清器与进气管配合

(6) 单击【插入零部件】，选择所建模型排气消音管；单击【配合】图标✑，使排气管 1 的出气口处与排气消音管入口处重合。然后按上述步骤(1)～(5)在另一侧按同样的方式安装，如图 6.6.14 所示。

至此，进排气系统装配完毕。

图 6.6.14　排气消音管与排气管配合

最后再添加必要的零部件模型，并进行贴图和渲染。最终效果图如图 6.6.15 所示。

图 6.6.15　最终效果图

第 7 章　道依茨柴油机三维模型的应用

　　根据实物制作的三维模型，不仅可以制作演示动画，而且可以应用到虚拟现实(VR)和增强现实(AR)系统当中。虚拟现实(VR)和增强现实(AR)技术的发展给训练系统的开发带来了新的契机。

　　虚拟训练系统的优点很多，它可以弥补现有设备可操作性差、理论教学枯燥乏味等缺点，通过虚拟训练系统可使得我们快速理解并掌握训练中的难点、要点，而且便于复习，并可以进行反复操作，它是一种全新的训练设备。

　　虚拟训练系统采用上海江衡软件公司开发的 3D 数字化手册进行开发，主要针对柴油机检查并调整气门间隙和燃油系统放气两个科目来进行 VR、AR 训练。

7.1　VR 的应用

　　3D 数字化手册作为规划工具软件，可以为用户提供交互界面用于制作数字化手册，将文本素材、2D 电子图纸、视频文件、3D 模型等按照实际维修过程组织成维修手册的形式，保存成结构化的维修数据，生成 3D 数字化手册文件包，供后续在 AR 智能化操作引导或 VR 教学训练中使用。

1. 气门间隙检查调整的 VR 实现

　　利用 3D 数字化手册编辑机器进行气门间隙的检查和调整，下面是进行虚拟检查和调整的具体过程：

　　(1) 打开数字化手册编辑器，运行软件，其界面如图 7.1.1 所示。整个操作界面大概分为两部分，左边一栏为目录导航栏，可以用于查找具体的每一个操作步骤，右边一栏为效果显示框，当在导航栏中选中某一项操作时，单击 开始/暂停 按钮，效果显示框即会显示具体的操作过程，并且可以实现随时暂停、切换视点等功能。

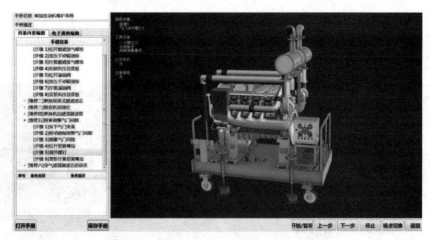

图 7.1.1　数字化手册界面

(2) 拆下气门室盖。在导航栏里单击【拆下气门室盖】，然后在效果显示框中单击 [开始/暂停] 按钮，界面显示"扳手拆下气门室盖的固定螺丝"，如图 7.1.2 所示；然后拆下气门室盖，如图 7.1.3 所示。

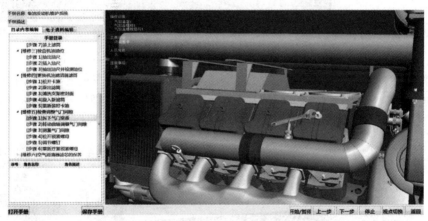

图 7.1.2　拆下气门室盖的固定螺丝

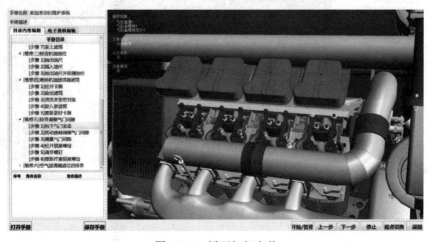

图 7.1.3　拆下气门室盖

(3) 调整气门间隙。在导航栏里单击【转动曲轴调整气门间隙】，然后在效果显示框中单击 开始/暂停 按钮，如图 7.1.4 界面显示，扳动手柄转动曲轴，使气缸处于压缩上止点位置。

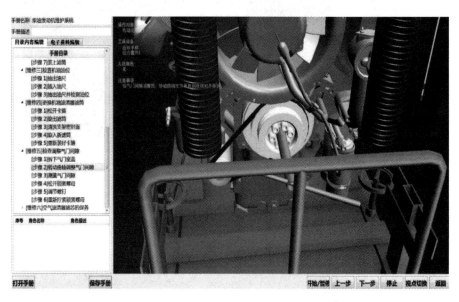

图 7.1.4　转动曲轴调整气门间隙

(4) 测量气门间隙。在导航栏里单击【测量气门间隙】，然后在效果显示框中单击 开始/暂停 按钮，则如图 7.1.5 界面显示，将塞尺插入可调整的气门调节螺钉和挺杆端部之间进行调整。

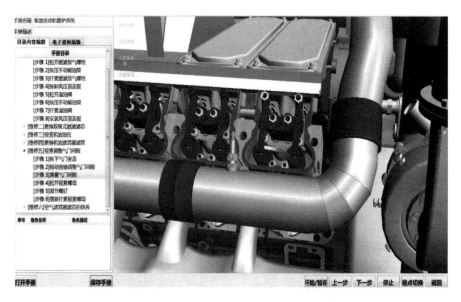

图 7.1.5　测量气门间隙

2. 燃油系统放气的 VR 实现

打开 3D 数字化手册编辑器，结合常见的几种燃油系统漏油的原因，用虚拟训练系统実現燃油系统排气操作的几种情况。数字化手册编辑机器的界面打开方式同"气门间隙检查调整"。

(1) 油箱至输油泵油管某处漏气。在导航栏里单击【按压手动输油泵】，然后在效果显示框中单击 开始/暂停 按钮，则如图 7.1.6 界面显示，按照箭头所指的方向按压手动输油泵。

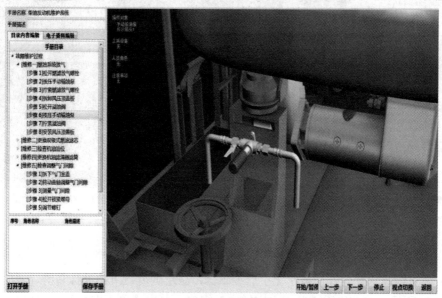

图 7.1.6　按压手动输油泵

(2) 溢流阀损坏或密封不严。在导航栏里单击【松开溢流阀】，然后在效果显示框中单击 开始/暂停 按钮，则界面显示扳手松开溢流阀上的螺钉，如图 7.1.7 所示。

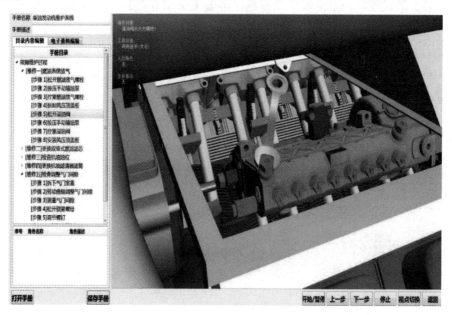

图 7.1.7　松开溢流阀

(3) 燃油滤清器密封性不好。在导航栏里单击【松开燃滤放气螺栓】，然后在效果显

示框中单击 开始/暂停 按钮，则界面显示用螺丝刀松开燃滤放气螺栓，如图 7.1.8 所示。

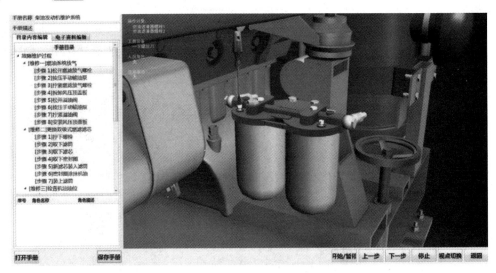

图 7.1.8　松开燃滤放气螺栓

3. 电子手册编辑方法

(1) 节点编辑。首先打开数字化手册编辑器，在左侧窗口单击鼠标右键，添加子节点，如图 7.1.9 所示。然后出现【节点内容编辑】窗口，单击【导入图片】，在电脑中选择需要的图片打开后，图片保存在左侧【图片资源列表】框中，选中资源列表中的图片，再单击【插入图片】即可将图片插入到节点。在节点编辑窗口中上方的工具栏可对文字进行【字体】【字号】等设置。当节点编辑完成后，单击【保存节点】，即完成该节点的编辑，如图 7.1.10 所示。

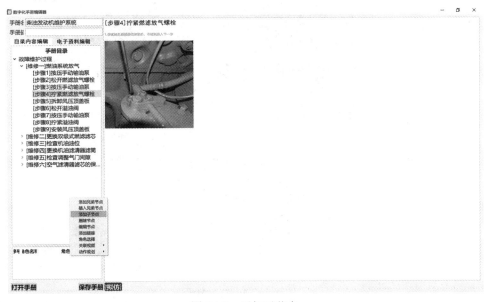

图 7.1.9　添加子节点

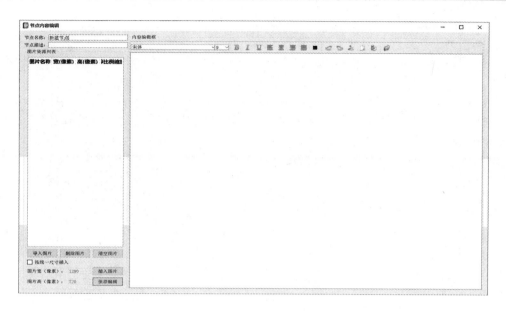

图 7.1.10　节点内容编辑

(2) 添加链接。鼠标放在选中的节点，单击鼠标右键，选择【添加链接】，如图 7.1.11 所示，打开节点超链接编辑窗口，对【链接名】【链接类型】【链接内容】进行设置，如图 7.1.12 所示。最后单击【确定】按钮，即完成链接的添加。通过链接使用户单击选项即可自动跳转到对应手册内容。

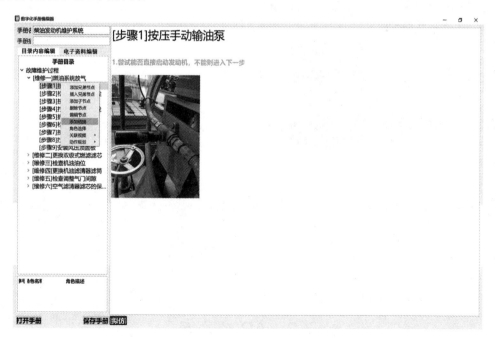

图 7.1.11　添加链接

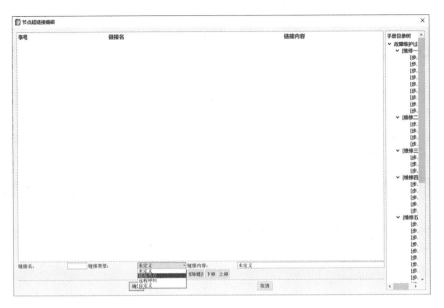

图 7.1.12　节点超链接编辑

(3) 添加动作。鼠标放在选中的节点，单击鼠标右键，选择【动作规划】—【添加动作】，如图 7.1.13 所示，打开动作规划窗口，进行动作的设置。设置保存后，在对应节点处的左下角单击【虚拟仿真】选项，即可播放动作视频。

图 7.1.13　添加动作

7.2　AR 的应用

AR 智能辅助系统是基于 3D 数字化维修手册和现场 AR 装备实现维修过程的目标识别、操作引导、操作防错等功能，在实际维修现场为维修操作人员提供实时、智能化引导。

1．AR 智能辅助系统的设置过程

(1) 操作者根据系统的预先规定，将 3×3 辅助定标点贴在柴油机相关模型的特定位置，如图 7.2.1 所示。

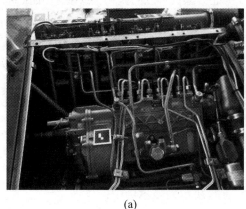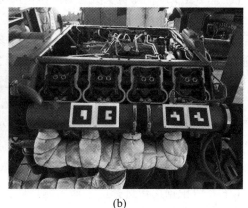

(a)　　　　　　　　　　　　　　　　　　(b)

图 7.2.1　粘贴辅助定标点

(2) 保证用于注册的摄像头(可以直接使用 Surfacer 的摄像头)能够看到尽可能多的辅助定标点。

(3) 打开 Markerlayout 系统获取定标点图像、解算定标点位置、建立场景原始坐标系、调整虚拟场景位置，使得虚拟场景中各虚拟对象与真实对象位置一致，如图 7.2.2 所示。

(a)

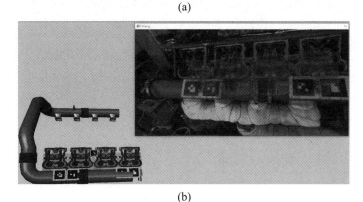

(b)

图 7.2.2　虚实注册

(4) 系统提示场景虚实注册完毕，生成虚实注册文件，完成虚实注册。如果先前进行过虚实注册，且柴油机、工作台等固定不动的物体没有新的位置变化，则可直接使用上次的注册文件，无需再次注册。

2. AR 引导维修操作

(1) 将 Surfacer 的摄像头大致对准维修部位，保证摄像头可以照到一个或多个 mark 标志。

(2) 系统计算当前观察点，为后面的虚拟对象显示做好准备。

(3) 系统提示维修操作内容，并显示维修操作对象、维修工具、维修动作，与真实场景融合后显示在 Surfacer 的屏幕上，如图 7.2.3 所示。此时，若用户试用贴有 Mark 标志的工具进行操作，则系统可判断工具操作的目标是正确的，并在屏幕上提示用户。

(4) 一个步骤结束后，若在 Surfacer 上选择"下一步"，则系统将重复上述(1)中步骤(2)的响应；如果已经是最后一步，系统将提示"结束"，然后退回到初始界面。

3. 用户单独使用 3D 作业指导书

(1) 通过语音、手势进行手册操作。

(2) 系统根据用户选择的手册内容，以预定方式显示到显示屏中：

① 文字与图片显示。

② 操作过程视频播放。

③ 操作过程 3D 演示。

图 7.2.3　AR 引导维修操作场景

参 考 文 献

[1]　赵罘，杨晓晋，赵楠. SolidWorks 2018 中文版机械设计应用大全. 北京：人民邮电出版社，2018.

[2]　上官林建. SolidWorks 三维建模及实例教程. 北京：北京大学出版社，2009.

[3]　母忠林. 道依茨柴油机结构与维修全图解. 北京：化学工业出版社，2013.